中等职业教育
工程造价专业系列教材

ZHONGDENG ZHIYE JIAOYU
GONGCHENG ZAOJIA ZHUANYE
XILIE JIAOCAI

建设工程施工招标投标一体化教学工作页

JIANSHE GONGCHENG SHIGONG ZHAOBIAO TOUBIAO
YITIHUA JIAOXUE GONGZUOYE

主　编■王　颖　谭丽丽
副主编■李劲宁　程晓萍　岳现瑞

出版社

内容提要

本书以一个真实项目案例的招投标工作过程为主线,以国家最新颁布的各项法律法规为编写依据,结合招投标工作的特点,分别从招标人和投标人出发构建和设计"工作—学习"任务,系统介绍了建设工程施工招标、投标及招投标过程中合同管理的工作过程及相关知识。全书共分为招标准备、编制招标文件、建设工程施工招标、建设工程施工项目投标、开标评标、中标及备案、招投标过程中的合同管理7个项目,每个项目设置2~3个典型工作任务。每个任务分为任务目标、工作准备、学习内容、工作过程、工作评价与小结、知识拓展6个部分。

本书针对中职学生学情,注重能力与基础知识的融会贯通,基础知识以够用为原则,重点突出实用性,适合中职学校建筑相关专业的教师和学生使用。

为便于教学,本书配套有教学PPT、习题库等资源。

图书在版编目(CIP)数据

建设工程施工招标投标一体化教学工作页/王颖,谭丽丽主编. -- 重庆:重庆大学出版社,2021.8
中等职业教育工程造价专业系列教材
ISBN 978-7-5689-2898-4

Ⅰ.①建… Ⅱ.①王… ②谭… Ⅲ.①建筑工程—工程施工—招标—中等专业学校—教材②建筑工程—工程施工—投标—中等专业学校—教材 Ⅳ.①TU723

中国版本图书馆 CIP 数据核字(2021)第 146008 号

中等职业教育工程造价专业系列教材
建设工程施工招标投标一体化教学工作页

主　编　王　颖　谭丽丽
副主编　李劲宁　程晓萍
　　　　岳玥瑞
策划编辑:刘颖果　范春青
责任编辑:姜　凤　黄菊香　　版式设计:刘颖果
责任校对:关德强　　　　　　责任印制:赵　晟

*

重庆大学出版社出版发行
出版人:饶帮华
社址:重庆市沙坪坝区大学城西路21号
邮编:401331
电话:(023)88617190　88617185(中小学)
传真:(023)88617186　88617166
网址:http://www.cqup.com.cn
邮箱:fxk@cqup.com.cn(营销中心)
全国新华书店经销
重庆华林天美印务有限公司印刷

*

开本:787mm×1092mm　1/16　印张:11.75　字数:302千
2021年8月第1版　2021年8月第1次印刷
印数:1—2 000
ISBN 978-7-5689-2898-4　定价:33.00元

本书如有印刷、装订等质量问题,本社负责调换
版权所有,请勿擅自翻印和用本书
制作各类出版物及配套用书,违者必究

前　言

近年来,随着中职教育的发展与改革的推进,越来越多的教学方法应运而生,行动导向教学方法提倡通过行动来学习和为了行动而学习,强调学生成为学习过程的中心和主体,而被越来越多地应用在教学中。"工作页"作为一种新型的教学载体,具有很强的"工学结合"特征,符合现代职教理念,适合应用于中职院校的教学中,它是根据行动导向教学法,按照项目教学和任务导向式教学思路设计的"工作—学习"任务的一种教学资料。

本书以职业教育人才培养要求为目标,定位于学生综合能力与职业素养的培养,基于中职学生对工作过程的了解和认知规律、学习理论,根据招标投标工作岗位的典型工作过程开发的一体化教学工作页。

本书主要分为招标、投标及招投标过程中的合同管理三大部分内容,以一个真实项目案例的招投标工作过程为主线,结合招投标工作特点,分别从招标人和投标人出发构建和设计"工作—学习"任务。全书共分为7个项目,每个项目设置2~3个典型工作任务。每个任务分为任务目标、工作准备、学习内容、工作过程、工作评价与小结、知识拓展6个部分。围绕任务目标,进行工作准备,分解工作过程,细化工作内容,提炼工作过程中需要运用到的知识、技能点形成学习内容,运用评价表对交付的成果文件进行三方评价,量化打分。学生在完成工作任务的同时能掌握相关的知识和技能,融"教、学、做"为一体。学生通过本工作页的学习,能够培养和提高学习能力、实际操作能力及综合素质,初步掌握建设工程招标、投标与合同管理工作过程中所需的基本技能与知识,为就业和发展打下良好的基础。

本书由王颖、谭丽丽担任主编,王颖进行统稿,李劲宁、程晓萍、岳现瑞担任副主编,具体编写分工如下:王颖、程晓萍编写项目一的任务一、任务二;谭丽丽编写项目一的任务三;王颖编写项目二;王颖、廖勇编写项目三;王颖、岳现瑞编写项目四;李劲宁、王颖编写项目五;谭丽丽、王颖编写项目六;王颖、李劲宁编写项目七。

本书在编写过程中,经过反复的讨论和多次修改,结合新颁布的各项法律法规,参考和引用了大量相关文献与资料,并得到桂林市建设工程招标站有关专家的指导和帮助,在此向桂林市建设工程招标站各位专家和参考文献的有关作者表示诚挚的谢意。

　　由于编者水平有限,书中难免存在不足和疏漏之处,恳请专家和读者批评指正。

编　者

2021 年 5 月

目 录

项目一 招标准备 ·· 1
 任务一 招投标基础知识 ································ 1
 任务二 资格审查 ······································ 14
 任务三 编制招标计划 ·································· 20

项目二 编制招标文件 ······································ 28
 任务一 招标公告 ······································ 28
 任务二 投标人须知 ···································· 45
 任务三 评标办法 ······································ 61

项目三 建设工程施工招标 ·································· 81
 任务一 项目入场备案及招标文件备案 ···················· 81
 任务二 招标控制价备案及公布 ·························· 87
 任务三 招标文件的澄清或修改 ·························· 93

项目四 建设工程施工项目投标 ······························ 98
 任务一 建设工程施工项目投标准备 ······················ 98
 任务二 建设工程施工项目投标程序 ······················ 103
 任务三 投标文件的编制与密封 ·························· 110

项目五 开标评标 ·· 117
 任务一 开标前准备 ···································· 117
 任务二 开标会议 ······································ 123
 任务三 评标 ·· 129

项目六 中标及备案 ·· 138
 任务一 中标候选人公示及中标公告 ······················ 138
 任务二 中标通知书 ···································· 146

　　　　任务三　招标结果备案 …………………………………… 150

项目七　招标投标过程中的合同管理 ………………………… 154
　　　　任务一　招标文件中的施工合同编制 ………………… 154
　　　　任务二　合同的签订 …………………………………… 171

附录　教学案例 ……………………………………………… 178

参考文献 ……………………………………………………… 181

项目一　招标准备

任务一　招投标基础知识

一、任务目标

(一)目标分析(表1-1)

表1-1　目标分析

知识与技能目标	①了解建筑市场及建筑工程承发包的基本概念； ②了解招标投标的基本概念、招标投标活动的原则及招标条件； ③熟悉招标的两种方式和两种组织形式； ④掌握建设工程招标的范围； ⑤能够根据项目前期已办理的文件判断项目是否具备招标条件,能够根据项目的概况、资金来源等信息,判断项目是否必须招标,应采用哪种方式招标
过程与方法目标	在完成实际项目工作任务的情境下,模拟招标人(招标代理)的工作过程,通过网络自主学习、小组合作学习的方式,完成相关知识的学习,完成工作任务
情感与态度目标	①积极思考,培养自主学习的意识； ②培养团队协作能力； ③养成认真细致、务实严谨的工作作风

(二)工作任务描述

①根据×××学校实训大楼项目的概况、资金来源等信息,结合所学的招标投标相关知识,判断该项目是否属于必须招标的项目。如果属于必须招标的项目,应采用哪种招标方式?

②根据×××学校实训大楼项目前期已办理的文件情况,判断该项目是否具备招标条件。

二、工作准备

(一)工作组织

分小组完成工作任务,由小组长分配学习任务,组员根据分配到的任务,通过回顾所学知识、查询资料等方式,完成学习任务;组内分享讨论,将自己了解的知识分享给其他组员,共同完成工作任务。

(二)资料准备

《中华人民共和国招标投标法》(以下简称《招标投标法》)、《中华人民共和国招标投标法实施条例》(以下简称《招标投标法实施条例》)及其他有关招标投标的法律法规。

(三)知识准备

完成"三、学习内容"的学习,回顾已学的招标投标法律法规。

三、学习内容

(一)建筑市场

1.建筑市场的概念

建筑市场有广义和狭义之分。狭义的建筑市场指有形建筑市场,有固定的交易场所。广义的建筑市场指建筑产品和有关服务的交易关系的总和。

2.建筑市场的资质管理

建筑活动的专业性和技术性都很强,且建设工程投资大、周期长,一旦发生问题,将给社会和人民的生命财产安全造成极大损失。为保证建筑工程的质量和安全,我国对从事建设活动的单位和专业技术人员实行从业资格管理,即资质管理。

1)法人的资质管理

《中华人民共和国建筑法》(以下简称《建筑法》)规定,对从事建筑活动的建筑施工企业、勘察单位、设计单位和工程咨询机构(含监理单位)实行资质管理。

以上企业应当按照其拥有的注册资本、专业技术人员、技术装备和已完成的业绩等条件申请资质,经审查合格,取得资质证书后,在资质许可的范围内从事相应的活动。

2)自然人的从业资格许可制度

自然人从事建设工程活动的从业资格包括注册建筑师、注册结构工程师、注册建造师、注册造价工程师、注册监理工程师等。

从事建筑工程活动的专业技术人员需通过考核认定或考试合格,取得相应的资格证书,并按照规定进行注册,方能在执业资格证书许可的范围内从事建筑活动。

3.建筑工程发承包

建筑工程发承包是指根据协议,作为交易一方的建筑施工企业,负责为交易另一方的建设单位完成某一项工程的全部或部分工作,并按一定的价格取得相应的报酬。发包方与承包方通过依法订立书面合同明确双方的权利和义务。

建筑工程发包有直接发包和招标发包两种方式。

建筑工程承包按承包的内容与方式不同,可分为总承包和分承包,总承包又分为工程总承包和施工总承包。

(二)招标投标概述

1.招标投标的含义及原则

招标投标是市场主体通过有序竞争,择优配置工程、货物和服务要素的交易方式,是规范选择交易主体并订立交易合同的法律程序。

招标投标活动具有竞争性、程序性、规范性、一次性和技术经济性,招标投标制度对实现市场资源优化配置,提高政府和企业资金使用效率,规范市场主体交易行为,建立健全现代市场统一、开放、透明、公平的竞争机制,促进社会经济秩序自律规范具有重要意义。

招标投标活动应当遵循公开、公平、公正和诚实信用的原则。

2.招标投标活动的当事人

招标投标活动的当事人是指招投标活动中享有权利和承担义务的各类主体,包括招标人、投标人、招标代理机构、评标专家和行政监督机构。

1)招标人

招标人是指依法提出招标项目、进行招标的法人或其他组织。

法人或者其他组织依照《招标投标法》的有关规定提出招标项目和进行招标两个条件后,才能成为招标人。

(1)提出招标项目

①招标项目按照国家有关规定需要履行项目审批、核准和备案手续的,应当首先履行完成相关手续。

②招标人应当已经落实招标项目的相应资金或者资金来源。

③招标项目必须具备的其他技术管理条件。

(2)进行招标

法人或者其他组织按照招标、投标、开标、评标、中标和签订合同等程序进行招标的称为招标人。

2)投标人

投标人是指响应招标、参加投标竞争的法人或者其他组织。依法必须进行招标的科研项目允许个人参加投标的,投标的个人适用《招标投标法》有关投标人的规定。

法人和其他组织要称为投标人,除了响应招标、参加投标竞争,还需满足两项资格条件:

①满足国家对不同专业领域投标资格条件的有关规定。

②满足招标人根据项目技术管理要求对投标人资质、业绩、能力、财务状况等提出的特定要求。

3)招标代理机构

招标代理机构是依法设立、从事招标代理业务并提供相关服务的社会中介组织。

招标代理机构作为社会中介组织,不得与行政机关和其他国家机关存在隶属关系或其他利益关系,也不得无权代理、越权代理和违法代理,不得接受同一招标项目的投标咨询服务。

4)评标专家

评标专家是指在招标投标活动中依法对投标人提交的资格预审申请文件和投标文件进行

审查或评审的具有一定专业技术水平的专业人员。

《招标投标法》规定，评标由招标人依法组建的评标委员会负责。依法必须进行招标的项目，其评标委员会由招标人代表和有关技术、经济等方面的专家组成。

评标专家应符合下列条件：

①从事相关专业领域工作满八年并具有高级职称或者同等专业水平。

②熟悉有关招标投标的法律法规，并具有与招标项目相关的实践经验。

③能够认真、公正、诚实、廉洁地履行职责。

5）行政监督机构

招标投标活动涉及各行各业的很多部门，我国对招投标活动的行政监督是将招标项目分为行业或产业项目、房屋及市政基础设施项目等，分别由不同部门进行行政监督。

（1）国家发展和改革委员会

国家发展和改革委员会指导和协调全国招投标工作，同时也是重要的招标投标行政监督部门。

（2）行政主管部门

工业和信息、水利、交通、铁道、民航等行业和产业项目的招投标活动的监督执法，分别由有关行业行政主管部门负责；各类房屋建筑及其附属设施的建造和与其配套的线路、管道、设备的安装项目和市政工程项目的招投标活动的监督执法，由建设行政主管部门负责；进口机电设备采购项目的招投标活动的监督执法，由商务行政主管部门负责。

（3）建设工程招标投标的分级属地管理

省、市、县三级建设行政主管部门依照各自的权限，对本行政区域内的建设工程招标投标项目分别实行管理。

3.建设工程招标的内容

《招标投标法实施条例》规定，建设工程项目是指工程以及与工程建设有关的货物、服务。

①工程，包括建筑物和构筑物的新建、改建、扩建及其相关的装修、拆除、修缮等。

②与工程建设有关的货物，指构成工程不可分割的组成部分，且为实现工程基本功能所必需的设备、材料等。

③与工程建设有关的服务，指为完成工程所需的勘察、设计、监理等服务。

（三）招标的组织形式

招标的组织形式分为委托招标和自行招标。招标人根据项目实际情况需要和自身条件，可以自主选择招标代理机构进行委托招标；如具备自行招标能力的，可按规定向有关行政监督部门备案同意后进行自行招标。

1.委托招标

《招标投标法》第十二条规定，招标人有权自行选择招标代理机构，委托其办理招标事宜。任何单位和个人不得以任何方式为招标人指定招标代理机构。

《招标投标法实施条例》第十四条规定，招标人应当与被委托的招标代理机构签订书面委托合同，合同约定的收费标准应当符合国家有关规定。

2.自行招标

《招标投标法》第十二条规定，招标人具有编制招标文件和组织评标能力的，可以自行办理招标事宜。任何单位和个人不得强制其委托招标代理机构办理招标事宜。依法必须进行招标的项目,招标人自行办理招标事宜的,应当向有关行政监督部门备案。

一般情况下,招标人应当在向国家发展和改革委员会上报项目可行性研究报告时,一并上报具有自行招标条件的书面材料。国家发展和改革委员会审查招标人报送的书面材料,符合规定条件的,招标人可以自行办理招标事宜;不符合规定的,在批复可行性研究报告时,要求招标人委托招标代理机构办理招标事宜。

(四)招标的方式

《招标投标法》中规定的招标方式有两种,即公开招标和邀请招标。

1. 公开招标

公开招标指招标人以招标公告的方式邀请不特定的法人或者其他组织投标,又称无限竞争性招标。

2. 邀请招标

邀请招标指招标人用投标邀请书的方式邀请特定的法人或者其他组织投标,又称有限竞争性招标。

招标人采用邀请方式招标的,应当向三个以上具备承担招标项目的能力、资信良好的特定的法人或其他组织发出投标邀请书。

《招标投标法》第十一条规定:国务院发展计划部门确定的国家重点项目和省、自治区、直辖市人民政府确定的地方重点项目不适宜公开招标的,经国务院发展计划部门或者省、自治区、直辖市人民政府批准,可以进行邀请招标。

《招标投标法实施条例》第八条规定:国有资金占控股或者主导地位的依法必须进行招标的项目,应当公开招标;但有下列情形之一的,可以邀请招标:

①技术复杂、有特殊要求或者受自然环境限制,只有少量潜在投标人可供选择。

②采用公开招标方式的费用占项目合同金额比例过大。

3. 两种招标方式的特点对比

公开招标和邀请招标的对比见表1-2。

表1-2 公开招标和邀请招标的对比表

招标方式 对比项目	公开招标	邀请招标
适用条件	适用范围较广,大多数项目均可采用。规模较大、建设周期较长的项目尤为适用	通常适用于技术复杂,有特殊要求或者受自然环境限制只有少数潜在投标人可供选择的项目,或拟采用公开招标的费用占合同金额比例过大的项目
竞争程度	属非限制性竞争招标方式,投标人之间相互竞争比较充分	属有限竞争招标方式,投标人之间的竞争受到一定限制
招标成本	招标成本和社会资源消耗相对较大	招标成本和社会资源消耗相对较小

续表

招标方式 对比项目	公开招标	邀请招标
信息发布	招标人以招标公告的方式向不特定的对象发出投标邀请	招标人以投标邀请书的方式向特定的对象发出投标邀请
优点	为潜在投标人提供均等的机会，能最大限度地引起竞争，有利于降低工程造价、提高工程质量、缩短工期	参加投标竞争的投标人数量可控，招标工作量较小、周期较短、所需费用较少
缺点	招标工作周期长、工作量大、所需费用高	限制了竞争范围，不利于招标人择优选择承包人

（五）建设工程招标的范围

1.必须实行招标发包的建设工程项目

《招标投标法》第三条规定，在中华人民共和国境内进行下列工程建设项目包括项目的勘察、设计、施工、监理以及与工程建设有关的重要设备、材料等的采购，必须进行招标：

①大型基础设施、公用事业等关系社会公共利益、公众安全的项目。

②全部或者部分使用国有资金投资或者国家融资的项目。

③使用国际组织或者外国政府贷款、援助资金的项目。

《招标投标法实施条例》第二十九条规定，以暂估价形式包括在总承包范围内的工程、货物、服务属于依法必须进行招标的项目范围且达到国家规定规模标准的，应当依法进行招标。

以下是《必须招标的工程项目规定》（国家发展改革委2018年第16号令）及《必须招标的基础设施和公用事业项目范围规定》（发改法规规〔2018〕843号）摘录：

必须招标的工程项目规定

第一条　为了确定必须招标的工程项目，规范招标投标活动，提高工作效率、降低企业成本、预防腐败，根据《中华人民共和国招标投标法》第三条的规定，制定本规定。

第二条　全部或者部分使用国有资金投资或者国家融资的项目包括：

（一）使用预算资金200万元人民币以上，并且该资金占投资额10%以上的项目；

（二）使用国有企业事业单位资金，并且该资金占控股或者主导地位的项目。

第三条　使用国际组织或者外国政府贷款、援助资金的项目包括：

（一）使用世界银行、亚洲开发银行等国际组织贷款、援助资金的项目；

（二）使用外国政府及其机构贷款、援助资金的项目。

第四条　不属于本规定第二条、第三条规定情形的大型基础设施、公用事业等关系社会公共利益、公众安全的项目，必须招标的具体范围由国务院发展改革部门会同国务院有关部门按照确有必要、严格限定的原则制订，报国务院批准。

第五条　本规定第二条至第四条规定范围内的项目，其勘察、设计、施工、监理以及与工程

建设有关的重要设备、材料等的采购达到下列标准之一的,必须招标:

(一)施工单项合同估算价在400万元人民币以上;

(二)重要设备、材料等货物的采购,单项合同估算价在200万元人民币以上;

(三)勘察、设计、监理等服务的采购,单项合同估算价在100万元人民币以上。

同一项目中可以合并进行的勘察、设计、施工、监理以及与工程建设有关的重要设备、材料等的采购,合同估算价合计达到前款规定标准的,必须招标。

第六条 本规定自2018年6月1日起施行。

必须招标的基础设施和公用事业项目范围规定

第一条 为明确必须招标的大型基础设施和公用事业项目范围,根据《中华人民共和国招标投标法》和《必须招标的工程项目规定》,制定本规定。

第二条 不属于《必须招标的工程项目规定》第二条、第三条规定情形的大型基础设施、公用事业等关系社会公共利益、公众安全的项目,必须招标的具体范围包括:

(一)煤炭、石油、天然气、电力、新能源等能源基础设施项目;

(二)铁路、公路、管道、水运,以及公共航空和A1级通用机场等交通运输基础设施项目;

(三)电信枢纽、通信信息网络等通信基础设施项目;

(四)防洪、灌溉、排涝、引(供)水等水利基础设施项目;

(五)城市轨道交通等城建项目。

第三条 本规定自2018年6月6日起施行。

2.可以不进行招标的建设工程项目

(1)《招标投标法》第六十六条规定:涉及国家安全、国家秘密、抢险救灾或者属于利用扶贫资金实行以工代赈、需要使用农民工等特殊情况,不适宜进行招标的项目,按照国家有关规定可以不进行招标。

(2)《招标投标法实施条例》第九条规定:除《招标投标法》第六十六条规定的可以不进行招标的特殊情况外,有下列情形之一的,可以不进行招标:

①需要采用不可替代的专利或者专有技术。

②采购人依法能够自行建设、生产或者提供。

③已通过招标方式选定的特许经营项目投资人依法能够自行建设、生产或者提供。

④需要向原中标人采购工程、货物或者服务,否则将影响施工或者功能配套要求。

⑤国家规定的其他特殊情形。

(六)招标条件

《招标投标法》第九条规定,招标项目按照国家有关规定需要履行项目审批手续的,应当先履行审批手续,取得批准。招标人应当有进行招标项目的相应资金或资金来源已经落实。

《招标投标法实施条例》第七条规定,按照国家有关规定需要履行项目审批、核准手续的依法必须进行招标的项目,其招标范围、招标方式、招标组织形式应当报项目审批、核准部门审批、核准。

1.依法必须招标项目进行招标的条件
①需要履行项目审批手续的,应当先履行项目审批手续,取得批准。
②项目资金或资金来源已落实。

2.工程建设项目施工招标应具备的条件
《工程建设项目施工招标投标办法》第八条规定,依法必须招标的工程建设项目,应当具备以下条件才能进行施工招标:
①招标人已经依法成立。
②初步设计及概算应当履行审批手续的,已经批准。
③招标范围、招标方式和招标组织形式等应当履行核准手续的,已经核准。
④有相应资金或资金来源已经落实。
⑤有招标所需的设计图纸及技术资料。

四、工作过程

(一)学习招标投标基础知识,完成下列练习

1.单项选择题

①下列关于招标人的说法,错误的是( )。
　　A.招标人应当是法人或其他组织　　B.招标人应当依法提出招标项目
　　C.招标人可以是自然人　　D.招标人应当落实项目资金或资金来源

②建设工程发承包当中,负责为交易另一方完成某一项工程的全部或部分工作,并按一定价格取得相应报酬的称为( )。
　　A.发包人　　B.承包人　　C.招标人　　D.中标人

③发包方与承包方通过依法订立( )明确双方的权利和义务。
　　A.书面合同　　B.口头协议　　C.规章制度　　D.担保协议

④招标代理机构是依法设立,从事招标代理业务并提供相关服务的( )。
　　A.政府机关　　B.中央企业　　C.事业单位　　D.社会中介组织

⑤( )是指招标人以招标公告的方式邀请不特定的法人或者其他组织投标。
　　A.公开招标　　B.邀请招标　　C.两阶段　　D.电子招标

⑥( )的优点是参加投标竞争的投标人数量可控,招标工作量较小、周期较短、所需费用较小。
　　A.公开招标　　B.邀请招标　　C.两阶段　　D.电子招标

⑦招标人应当在向国家发展和改革委员会上报( )时,一并上报具有自行招标条件的书面材料。
　　A.项目建议书　　B.初步设计概算
　　C.项目可行性研究报告　　D.建筑规划许可

⑧《必须招标的工程项目规定》规定重要设备、材料等货物的采购,单项合同估算价在(

)万元人民币以上的,必须进行招标。

　　A.20　　　　　　B.100　　　　　　C.200　　　　　　D.300

⑨下列项目不属于必须招标的工程建设项目范围的是(　　)。

　　A.某城市的地铁工程　　　　　　B.国家博物馆的维修工程

　　C.某省的体育馆建设项目　　　　D.张某给自己建的二层别墅

⑩下列使用国有资金建设的项目中,必须通过招标方式选择承包商的是(　　)。

　　A.某水利工程,其单项合同估算价为450万元

　　B.利用扶贫资金以工代赈使用农民工

　　C.某国家机密项目,需要采购设备,单项合同估算价300万元

　　D.某公立学校宿舍楼项目,单项合同估算价800万元,其施工主要技术需要采用某项不
　　　可替代的专利技术

2.多项选择题

①《招标投标法》规定的招标方式有(　　)。

　　A.两阶段招标　　B.公开招标　　C.邀请招标　　D.国际招标　　E.电子招标

②招标投标的原则有(　　)。

　　A.公开　　　　　B.公平　　　　C.公正　　　　D.科学　　　　E.诚实信用

③下列项目中,属于经过批准可以采用邀请招标的项目有(　　)。

　　A.某项目采用公开招标的费用占工程建设项目总投资的32%

　　B.某大型项目技术复杂,仅有5家投标人满足条件的

　　C.某军事项目涉及国家安全,有保密要求

　　D.某地发生自然灾害,急需建设一批活动房安置灾民

　　E.具有建筑工程施工总承包一级资质的施工企业,自行投资建设一栋四层办公楼

④关于招标方式,下列说法正确的有(　　)。

　　A.公开招标属有限竞争招标方式,投标人之间的竞争受到一定限制

　　B.公开招标成本和社会资源消耗相对较大

　　C.采用邀请招标方式有利于降低工程造价、提高工程质量、缩短工期

　　D.邀请招标方式限制了竞争范围,不利于招标人择优选择承包人

　　E.公开招标工作周期长、工作量大、所需费用高

⑤下列项目中,属于必须进行招标的项目有(　　)。

　　A.某地采用财政预算资金建设一火车站

　　B.某学校向亚洲开发银行贷款1 000万元建设一栋教学楼

　　C.某机场的监理服务费,单项合同估算价为120万元

　　D.某公司与政府合作开发一旅游度假村,政府投资占该项目总投资的65%

　　E.某村民为自家五层楼住宅安装电梯,费用预计为20万元

3.填空题

①建设工程发包的方式有_____和_____。

②投标人是指＿＿＿＿＿＿招标,参加＿＿＿＿＿＿的法人或者其他组织。

③招标的组织形式分为＿＿＿＿＿＿和＿＿＿＿＿＿。

④以＿＿＿＿形式包括在总承包范围内的工程、货物、服务属于依法必须进行招标的项目范围且达到国家规定规模标准的,应当依法进行招标。

⑤同一项目中可以合并进行的勘察、设计的采购,合同估算价合计达到＿＿＿＿时,必须招标。

(二)根据给出的条件,完成下列练习

①请根据附录教学案例中给出的×××学校实训大楼的项目信息,判断该项目是否属于必须招标的项目?为什么?如果该项目必须招标,应当采用哪种方式进行招标?

②请根据×××学校实训大楼项目可行性研究报告批复中的招标投标事项核准意见的内容及项目概况,小组讨论并分析任务目标和项目设定条件。

附件

招标投标事项核准意见

	招标范围		招标组织形式		招标方式		不采用招标方式	备注
	全部招标	部分招标	自行招标	委托招标	公开招标	邀请招标		
勘察设计	√			√	√			
建筑工程	√			√	√			
安装工程	√			√	√			
监理	√			√	√			
设备	√			√	√			
审批部门核准意见说明: 　　核准。 　　请严格按照《中华人民共和国招标投标法》等法律法规和相关部门规章,规范招标投标行为。 　　　　　　　　　　　　　　　　　　　　　　　　国家发展和改革委员会									

根据可行性研究报告批复附件的内容,本项目施工招标应采用＿＿＿＿＿＿的组织形式,应采用＿＿＿＿＿＿(公开招标/邀请招标)方式进行。

③请根据已经列出的×××学校实训大楼项目前期已办理的文件(表1-3),判断该项目是否已经具备招标条件。如未具备招标条件,请分析该项目还缺哪些文件?

表1-3 前期已办理文件

序号	项目	是否完成	文号	备注
1	立项	是	市发改投资字〔2011〕128	
2	可研报告的批复	是	市发改投资字〔2011〕176	
3	初步设计和概算批复	是	市发改行审字〔2012〕236	
4	建设用地预审函	是	市国土资函〔2010〕15	
5	规划定点文	是	市规管〔2012〕57	
6	建设用地规划许可证	是	地字第45031200900148	
7	环评批复	是	市环管表水电〔2012〕2	
8	设计招标	是	GLZFCG2009D0107	
9	勘察设计备案	是	市建施登〔2011〕149	
10	建筑方案审查意见	是	市规建审〔2012〕46	
11	建设用地批复	是	桂政土批函〔2011〕63	
12	建设用地批准书	是	桂林市〔2012〕10	
13	用地通知书	是	市国土资用〔2012〕57	
14	施工图审查备案	是	市建施登〔2012〕490	
15	空外管线规划定点	是	市规管〔2012〕137	
16	消防设计审查	是	桂市公消审〔2012〕0055	
17	防雷装置设计审核	是	桂市雷审字〔2012〕049	
18	防震审查	是	市震许决字〔2012〕41	
19	建设工程规划许可证	是	建字450301201200281	

五、工作评价与小结

（一）工作评价（表1-4）

表1-4　工作评价

评价项目		评价标准	自我评价	小组评价	教师评价
职业素养	工作态度（10分）	积极主动承担工作任务的得10分；对分配的工作任务有推诿现象的得6~8分；拒绝承担工作任务的得0分			
	团队协作（10分）	有较强的团队合作意识，协助团队成员共同完成工作任务的得10分；有团队合作意识，能配合其他成员完成工作任务的得6~8分；完全没有团队意识的得0分			
	工作效率（10分）	在规定时间内完成工作任务的得10分；在规定时间内完成工作任务60%以上的得6~8分；在规定时间内完成工作任务40%以下的得2分			
	工作作风（10分）	工作严肃认真细致，字迹工整，没有因粗心犯错和写错别字的得10分；工作严肃认真，字迹工整，没有因粗心犯错但有少量错别字的得6~8分；工作粗心，字迹潦草，工作存在失误的得2分			
	工作考勤（10分）	工作不迟到、不早退、不缺勤得10分；迟到、早退一次扣1分，缺勤一次扣2分，扣完为止			
专业能力	专业技能（40分）	能够按要求正确完成工作过程中的练习题的得25分（单选题错一题扣1分，多选题错一题扣2分，填空题错一个空扣1分）；能够正确判断项目是否具备招标条件的得5分；能够正确判断项目是否属于必须招标项目并能说出原因的得5分；能够正确判断项目采用的招标方式的得5分（本项得分为上述内容得分合计）			
	专业知识（5分）	能按任务目标中的要求全部了解、熟悉、掌握的得5分；了解、熟悉、掌握60%以上的得3分；了解、熟悉、掌握60%以下的得1分			
	沟通能力（5分）	能够耐心听取他人的意见和建议，并顺畅、清晰地表达自己的观点，能就某一事项与他人顺利达成共识的得5分；能顺畅、清晰地表达自己的观点，但不善于听取他人的意见和建议，与他人达成共识有一定困难的得2~3分；既不能耐心听取他人的意见和建议，也无法清晰地表达自己的观点，始终无法与他人达成共识的得1分			
合计（100分）					
得分					

注：①自我评价占30%，小组评价占30%，教师评价占40%。
　　②学生个人最终得分＝自我评价×30%＋小组评价×30%＋教师评价×40%。

(二)工作小结

①请用自己的话说一下你对招投标的理解。

②请总结一下建设工程施工项目前期应当办理哪些文件才具备招标条件?

③《招标投标法》规定的招标方式有哪些?

④招标的组织方式有哪些?

⑤哪些项目属于必须招标的项目?

⑥在本任务中,你学到了哪些知识?

⑦本部分的任务目标中,你认为还有哪些是你没有掌握的?

任务二　资格审查

一、任务目标

（一）目标分析（表1-5）

表1-5　目标分析

知识与技能目标	①了解资格审查的含义及原则； ②熟悉资格审查的方式和办法； ③掌握资格预审的一般程序及一般规定； ④能够根据项目的实际情况，编制资格预审的工作计划
过程与方法目标	在完成实际项目工作任务的情境下，模拟招标人（招标代理）的工作过程，通过网络自主学习、小组合作学习的方式，利用已掌握的招标投标法律知识，完成相关知识的学习，最后完成资格审查的工作任务
情感与态度目标	①积极思考，培养自主学习的意识； ②培养团队协作能力； ③养成认真细致、务实严谨的工作作风

（二）工作任务描述

如果×××学校实训大楼项目需要进行资格预审，请根据项目的实际情况，编制该项目资格预审的工作计划。

二、工作准备

（一）工作组织

分小组完成工作任务，由小组长分配学习任务，组员根据分配到的任务，完成学习任务；组内分享讨论，将自己了解的知识分享给其他组员，共同完成工作任务。

（二）资料准备

×××学校实训大楼招标项目概况。

（三）知识准备

完成"三、学习内容"的学习。

三、学习内容

(一)资格审查的含义及原则

1. 资格审查

资格审查是指招标人对资格预审申请人或投标人的经营资格、专业资质、财务状况、技术能力、管理能力、业绩、信誉等方面进行评估审查,以判定其是否具有参与项目投标和履行合同的资格及能力的活动。

工程施工招标项目资格审查的内容包括资质条件、类似项目业绩和能力、可投入技术和管理人员、财务状况、设备能力、其他工程管理要素、信誉、申请人(投标人)限制情况等。

2. 资格审查的原则

资格审查除应遵循招标投标的"公开、公平、公正和诚实信用"原则外,还应遵循科学、合格和适用原则。

1)科学原则

招标人应根据招标项目的规模、技术管理特性要求,结合国家企业资质等级标准和市场竞争状况,科学、合理地设立资格审查办法、资格条件以及审查标准。

2)合格原则

招标人应通过资格审查,选择资质、能力、业绩、信誉合格的申请人参加投标。

3)适用原则

招标人应根据项目的特点需要,结合潜在投标人的数量和招标时间等因素综合考虑,选择适用的资格审查办法。

(二)资格审查方式

资格审查分为资格预审和资格后审两种方式。

1. 资格预审

资格预审,是指投标前对获取资格预审文件并提交资格预审申请文件的潜在投标人进行资格审查的一种方式。资格预审一般适用于潜在投标人较多或者大型、技术复杂的项目。

2. 资格后审

资格后审,是指在开标后由评标委员会对投标人进行的资格审查。资格后审一般在评标过程中的初步评审开始时进行。

3. 资格预审与资格后审的区别

资格预审与资格后审的区别见表 1-6。

表 1-6 资格预审和资格后审的区别

对比项目	资格预审	资格后审
审查时间	发售招标文件之前	开标后的评标阶段
评审人	招标人或资格审查委员会	评标委员会
评审对象	申请人的资格预审申请文件	投标人的投标文件

续表

对比项目	资格预审	资格后审
优点	避免不合格的申请人进入投标阶段,节约社会成本;提高投标人投标的针对性、积极性;减少评标阶段的工作量,缩短评标时间	减少资格预审环节,缩短招标时间;投标人数量相对较多,竞争性更强;提高串标、围标难度
缺点	延长招标投标的过程,增加招标人组织资格预审和申请人参加资格预审的费用;通过资格预审的申请人相对较少,竞争性相对较弱	投标人相对较多,增加评标工作的工作量、工作难度及评标费用;增加社会综合成本

(三)资格审查方法

资格审查方法有合格制和有限数量制两种。

1.合格制

一般情况下,资格审查应采用合格制。凡符合资格预审文件或招标文件规定的资格审查标准的申请人或投标人,均能通过资格审查,取得相应投标资格。

2.有限数量制

当潜在投标人过多时,资格审查可采用有限数量制。招标人在资格预审文件或招标文件中规定资格审查标准和程序,并明确通过资格审查的申请人或投标人数量 N 个(包括第 N 名得分相同时的处理办法)。资格审查委员会或评标委员会按照资格预审文件或招标文件中规定的资格审查标准和程序,对资格预审申请文件或投标文件进行量化打分,按得分由高到低的顺序确定通过资格审查的申请人或投标人。通过资格审查的申请人或投标人的数量不得超过资格预审文件或招标文件中规定的数量。

(四)资格预审的一般程序

1.资格预审的一般程序

资格预审的一般程序如图1-1所示。

2.资格预审程序中的一般规定

1)编制资格预审文件

依法必须进行招标的项目进行资格预审时,招标人应当使用国务院发展改革部门会同有关行政监督部门指定的标准文本。

2)发布资格预审公告

对依法必须进行招标项目的资格预审公告,招标人应当在国家依法指定的媒介发布。

3)发售资格预审文件

招标人应当按照资格预审文件规定的时间、地点发售资格预审文件。资格预审文件的发售期不得少于5日。

4)资格预审文件的澄清、修改

资格预审文件澄清、修改的内容可能影响资格预审申请文件编制的,招标人应当在提交资

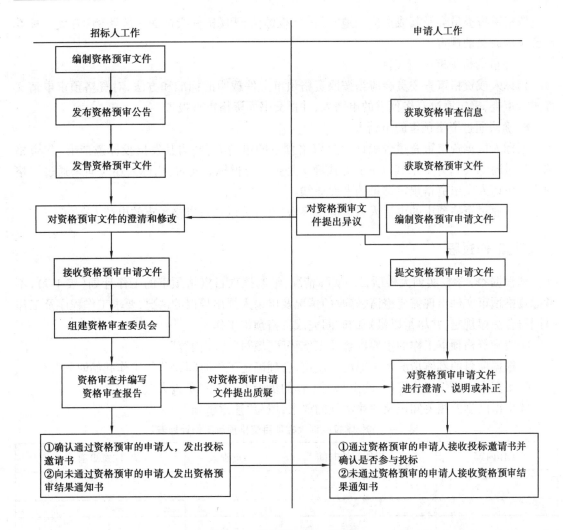

图 1-1 资格预审的一般程序

格预审申请文件截止时间至少 3 日前,以书面形式通知所有获取资格预审文件的潜在投标人;不足 3 日的,招标人应当顺延提交资格预审申请文件的截止时间。

申请人对资格预审文件有异议的,应当在提交资格预审申请文件截止时间前 2 日向招标人提出。招标人应当自收到异议之日起 3 日内作出答复;作出答复前,应当暂停实施招标投标活动。

5)申请人编制并递交资格预审申请文件

申请人应严格按照资格预审文件要求的格式和内容,编制、签署、装订、密封、标识资格预审申请文件,并按照规定的时间、地点、方式提交。依法必须招标的项目,提交资格预审申请文件的截止时间,自资格预审文件停止发售之日起不得少于 5 日。

6)组建资格审查委员会

国有资金占控股或者主导地位的依法必须进行招标的项目,招标人应当组建资格审查委员会审查资格预审申请文件。其他项目由招标人自行组织资格审查。

资格审查委员会及其成员应当遵守《招标投标法》和《招标投标法实施条例》有关评标委员会及其成员的规定。

7）评审资格预审申请文件

招标人或资格审查委员会应当按照资格预审文件载明的标准和方法，对资格预审申请文件进行审查，确定通过资格预审的申请人，并提交书面资格审查报告。

8）确认通过资格预审的申请人

招标人根据资格审查报告确认通过资格预审的申请人，并向其发出投标邀请书（代资格预审通过通知书），并要求其以书面方式确认是否参与投标。同时，招标人还应向未通过资格预审的申请人发出资格预审结果的书面通知。

对于通过资格预审的申请人名单应当保密，不应公示通过资格预审的申请人名单。

四、工作过程

请根据×××学校实训大楼项目的实际情况，编制该项目资格预审的工作计划（表1-7），不考虑资格预审文件出现需要澄清、修改的情况及申请人提出异议的情况，要求工作程序及工作时间符合法律规定，并尽量以最短的时间完成资格预审工作。

①明确资格预审工作的主要内容及工作程序，填写"工作内容"。
②根据项目的具体情况及法律法规规定，合理确定工作时间，填写"工作起始时间"。
③根据本小组的工作安排，确定每项工作的负责人，填写"负责人"。
④根据已学的相关知识及法律法规的要求，填写"注意事项"。

表1-7 ×××学校实训大楼项目资格预审工作计划表

工作内容	工作起始时间	负责人	注意事项

五、工作评价与小结

(一)工作评价(表1-8)

表1-8 工作评价

评价项目		评价标准	自我评价	小组评价	教师评价
职业素养	工作态度 (10分)	积极主动承担工作任务的得10分;对分配的工作任务有推诿现象的得6~8分;拒绝承担工作任务的得0分			
	团队协作 (10分)	有较强的团队合作意识,协助团队成员共同完成工作任务的得10分;有团队合作意识,能配合其他成员完成工作任务的得6~8分;完全没有团队意识的得0分			
	工作效率 (10分)	在要求的时间内完成工作任务的得10分;在要求的时间内完成60%以上工作任务的得6~8分;在要求的时间内完成40%以下工作任务的得2分			
	工作作风 (10分)	工作严肃认真细致,字迹工整,没有因粗心犯错和写错别字的得10分;工作严肃认真,字迹工整,没有因粗心犯错但有少量错别字的得6~8分;工作粗心,字迹潦草,工作存在失误的得2分			
	工作考勤 (10分)	工作不迟到、不早退、不缺勤得10分;迟到、早退一次扣1分,缺勤一次扣2分,扣完为止			
专业能力	专业技能 (40分)	能够按要求正确完成资格预审工作计划的得40分(每错一处扣3分,扣完为止)			
	专业知识 (5分)	能按任务目标中的要求全部了解、熟悉、掌握的得5分;了解、熟悉、掌握60%以上的得3分;了解、熟悉、掌握60%以下的得1分			
	沟通能力 (5分)	能够耐心听取他人的意见和建议,并顺畅、清晰地表达自己的观点,能就某一事项与他人顺利达成共识的得5分;能顺畅、清晰地表达自己的观点,但不善于听取他人的意见和建议,与他人达成共识有一定困难的得2~3分;既不能耐心听取他人的意见和建议,也无法清晰地表达自己的观点,始终无法与他人达成共识的得1分			
合计(100分)					
得分					

注:①自我评价占30%,小组评价占30%,教师评价占40%。
　　②学生个人最终得分=自我评价×30%+小组评价×30%+教师评价×40%。

(二)工作小结

①资格审查的方式有哪两种?

②资格审查的方法有哪两种?

③请总结一下你完成资格预审工作计划的过程。

④你认为进行资格审查有什么作用?

⑤本部分的任务目标中,你认为还有哪些是你没有掌握的?

六、知识拓展

《标准施工招标资格预审文件》资格审查办法摘录

任务三　编制招标计划

一、任务目标

(一)目标分析(表 1-9)

表 1-9　目标分析

知识与技能目标	①熟悉建设工程施工招标的程序; ②掌握招标过程中的关键工作步骤及其时间要求; ③能根据相关法律法规要求和招标项目情况,独立完成招标计划的编制
过程与方法目标	在完成实际项目工作任务的情境下,模拟招标人(招标代理)的工作过程,通过网络自主学习、小组合作学习的方式,完成相关知识的学习,最终能根据具体项目编制招标计划
情感与态度目标	①积极思考,培养自主学习的意识; ②培养团队协作能力,提高统筹能力和沟通能力; ③养成认真细致、务实严谨的工作作风

（二）工作任务描述

根据相关法律法规要求和招标项目情况，确定招标工作的关键工作步骤和时间节点，完成×××学校实训大楼项目施工招标工作计划的编制。

二、工作准备

（一）工作组织

分小组完成工作任务，由小组长分配学习任务，组员根据分配到的任务，通过回顾所学知识、资料查询等方式，完成学习任务；组内分享讨论，将自己了解的知识分享给其他组员，共同完成工作任务。

（二）资料准备

已落实招标条件。

（三）知识准备

根据小组长分配的学习任务，完成"三、学习内容"的学习。

三、学习内容

（一）建设工程施工招标的程序

建设工程施工招标，根据招标项目的招标组织形式、招标方式、资格审查方式不同而各有不同，一般来说包含以下程序：

①招标工作准备，编制招标计划。
②编制资格预审文件（适用资格预审）、招标文件、招标控制价或标底（如果有）。
③发布资格预审公告或招标公告，发出投标邀请书邀请投标。
④组织资格预审（如为资格后审则无此步骤）。
⑤发售招标文件。
⑥组织投标人踏勘现场（如有）。
⑦组织投标预备会（如有）。
⑧接收投标文件。
⑨开标。
⑩评标。
⑪定标。
⑫签发中标通知书。
⑬签订合同。
⑭招标结果备案。

（二）资格后审的公开招标流程和注意事项

1.发布招标公告

招标公告的作用是让潜在投标人获得招标信息，以便决定是否参与投标竞争。《招标投标法》第十六条规定,招标人采用公开招标方式的,应当发布招标公告。依法必须进行招标的项目的招标公告,应当通过国家指定的报刊、信息网络或者其他媒介发布。

2.发售招标文件

招标人应当按照招标公告规定的时间、地点发售招标文件,发售期不得少于5日。

3.组织现场踏勘

招标人可根据项目需要决定是否组织现场踏勘,如组织,应在招标文件中载明时间、地点。招标人不得组织单个或者部分潜在投标人踏勘项目现场。

4.召开投标预备会

招标人应当按照招标文件规定的时间、地点召开投标预备会。

召开投标预备会的目的主要有三个:一是介绍工程概况;二是澄清、解答潜在投标人在阅读招标文件或现场踏勘后提出的疑问;三是对招标文件中的内容主动做出说明、澄清或修改。

所有的澄清、解答、说明均应以书面形式发给所有获取招标文件的潜在投标人,并作为招标文件的组成部分。

5.招标文件的澄清或修改

招标人可以对已发出的招标文件进行必要的澄清或修改,澄清或修改的内容可能影响投标人编制投标文件的,应当在招标文件要求提交投标文件截止时间至少15日前,以书面形式通知所有获取招标文件的潜在投标人。不足15日的,招标人应当顺延提交投标文件的截止时间。

6.接收投标文件

招标人应当确定投标人编制投标文件所需的合理时间。依法必须进行招标的项目,自招标文件发出之日起至投标人提交投标文件截止之日止,最短不得少于20日。

7.开标

开标应当在招标文件确定的提交投标文件截止时间的同一时间公开进行;开标地点应为招标文件中预先确定的地点。

投标人少于3个的,不得开标;招标人应当重新招标。

8.评标

评标由招标人依法组建的评标委员会负责。一般的做法是开标后马上开始评标,如当日不能开始评标,则需在开标之后做好记录并封存投标文件。

9.中标候选人公示

依法必须进行招标的项目,招标人应当自收到评标报告之日起3日内公示中标候选人,公示期不得少于3日。

10.发出中标通知书(中标结果公告)

中标人确定后,招标人应当向中标人发出中标通知书,并同时将中标结果通知所有未中标的投标人。

11.签订合同

招标人和中标人应当自中标通知书发出之日起30日内,按照招标文件和中标人的投标文件订立书面合同。

12.退还投标保证金

招标人最迟应当在书面合同签订后5日内向中标人和未中标的投标人退还投标保证金及

银行同期存款利息。

13.招标结果备案

依法必须进行招标的项目,招标人应当自确定中标人之日起 15 日内,向有关行政监督部门提交招标投标情况的书面报告。

建设工程施工招标一般流程(公开招标)如图 1-2 所示。

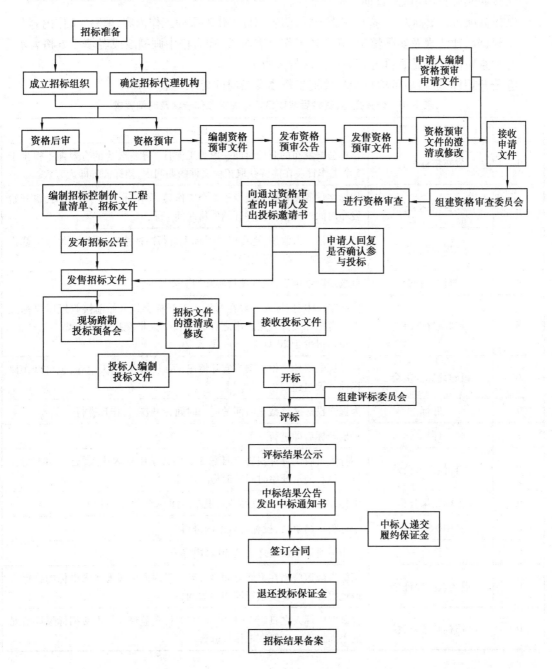

图 1-2　建设工程施工招标一般流程(公开招标)

四、工作过程

请根据×××学校实训大楼项目的实际情况,编制该项目的招标工作计划,要求工作程序及工作时间符合法律规定,并尽量以最短的时间完成招标工作。

①按照实际日历填写"日期"和"时间"。
②根据项目的招标方式、资格审查方式,明确招标工作的主要工作内容,填写"工作内容"。
③根据法律法规及实际情况,确定各工作所需时长,在表格中画横线或者填涂方格表示。
④检查时间安排是否符合相关法律法规要求。
⑤公开招标、资格后审项目招标关键工作步骤及时间要求见表1-10。

表1-10 公开招标、资格后审项目招标关键工作步骤及时间要求

序号	关键工作步骤	时间要求
1	发布招标公告	招标公告发布的开始时间一般为工作日。招标公告的有效期不得少于5个工作日。在能够获取招标文件的期间内,招标公告即为有效
2	发售招标文件	招标文件的发售期不得少于5个工作日,在实际工作中,招标公告开始发布时间即为招标文件开始发售时间
3	现场踏勘	可以是招标人组织,也可以是投标人自行前往踏勘,招标文件发售截止后,根据项目实际情况安排时间
4	投标预备会	现场踏勘结束后,根据项目实际情况安排时间
5	接收投标文件	实际工作中,招标人一般在开标当天开标会议开始前接收纸质投标文件。自招标文件开始发出之日起至投标人提交投标文件截止之日止,最短不得少于20日
6	组建评标委员会	在评标前组建。根据项目实际情况,可以在评标当天组建,也可以在评标前一天组建
7	开标	为提交投标文件截止时间的同一时间,一般在工作日进行
8	评标	一般开标后即进行
9	中标候选人公示	招标人自收到评标报告之日起3日内公示中标候选人,公示期不得少于3日。公示开始时间一般为工作日
10	中标结果公告	中标候选人公示结束后发布,发布时间一般为工作日
11	发中标通知书	中标公示结束后,投标有效期内进行
12	签订合同	自中标通知书发出之日起30日内完成
13	退还投标保证金	招标人最迟应当在书面合同签订后5日内向中标人和未中标的投标人退还投标保证金及银行同期存款利息
14	招标结果备案	自确定中标人之日起15日内,向有关行政监督部门提交招标投标情况的书面报告。一般在工作日进行

工程招标工作计划表

时间	日期																						
	星期																						
工作内容																							

注：本表日期及星期按照实际填写；工作项目所需时间，在表格中画横线或者填涂方格表示。

五、工作评价与小结

(一) 工作评价(表 1-11)

表 1-11　工作评价

评价项目		评价标准	自我评价	小组评价	教师评价
职业素养	工作态度 (10分)	积极主动承担工作任务的得 10 分;对分配的工作任务有推诿现象的得 6~8 分;拒绝承担工作任务的得 0 分			
	团队协作 (10分)	有较强的团队合作意识,协助团队成员共同完成工作任务的得 10 分;有团队合作意识,能配合其他成员完成工作任务的得 6~8 分;完全没有团队意识的得 0 分			
	工作效率 (10分)	在要求的时间内完成工作任务的得 10 分;在要求的时间内完成 60%以上工作任务的得 6~8 分;在要求的时间内完成 40%以下工作任务的得 2 分			
	工作作风 (10分)	工作严肃认真细致,字迹工整,没有因粗心犯错和写错别字的得 10 分;工作严肃认真,字迹工整,没有因粗心犯错但有少量错别字的得 6~8 分;工作粗心,字迹潦草,工作存在失误的得 2 分			
	工作考勤 (10分)	工作不迟到、不早退、不缺勤得 10 分;迟到、早退一次扣 1 分,缺勤一次扣 2 分,扣完为止			
专业能力	专业技能 (40分)	能完整列出主要工作内容,正确确定每项工作内容所需时间,清晰准确地完成工作计划表,仅有 1~2 处非关键性错误的得 30~40 分;基本完成任务,有 5 处以下错误的得 20~39 分;未能按要求完成任务,错误较多(5 处以上)的得 10~19 分;未能按要求完成任务,错误 10 处以上的得 0~10 分			
	专业知识 (5分)	能按任务目标中的要求全部了解、熟悉、掌握的得 5 分;了解、熟悉、掌握 60%以上的得 3 分;了解、熟悉、掌握 60%以下的得 1 分			
	沟通能力 (5分)	能够耐心听取他人的意见和建议,并顺畅、清晰地表达自己的观点,能就某一事项与他人顺利达成共识的得 5 分;能顺畅、清晰地表达自己的观点,但不善于听取他人的意见和建议,与他人达成共识有一定困难的得 2~3 分;既不能耐心听取他人的意见和建议,也无法清晰地表达自己的观点,始终无法与他人达成共识的得 1 分			
		合计(100 分)			
		得分			

注:①自我评价占 30%,小组评价占 30%,教师评价占 40%。
　　②学生个人最终得分＝自我评价×30%＋小组评价×30%＋教师评价×40%。

(二)工作小结

①"工作日"和"日"有什么区别?

②请总结一下你在编制招标工作计划时的工作步骤。

③你在编制招标工作计划时遇到了哪些困难?你是怎么解决的?

④本部分的任务目标中,你认为还有哪些是你没有掌握的?

六、知识拓展

如果本项目采用公开招标、资格预审的方式进行招标,请根据已学知识为本项目编制招标工作计划,要求工作内容完整,工作时间合法、合理,工作计划格式无要求(可参照"四、工作过程"中的工程招标工作计划表)。

项目二 编制招标文件

招标文件是招标人向潜在投标人发出并告知项目需求、招标投标活动规则和合同条件等信息的要约邀请文件,是项目招标投标活动的主要依据,对招标投标活动各方均具有法律约束力。编制好招标文件,是招标人在整个招标过程中最重要、最关键的工作之一。

《招标投标法实施条例》第十五条规定,公开招标的项目,应当依照《招标投标法》和本条例的规定发布招标公告、编制招标文件。编制依法必须进行招标的项目的资格预审文件和招标文件,应当使用国务院发展改革部门会同有关行政监督部门制定的标准文本。

《标准施工招标文件》(2007年版)包含八章内容:第一章招标公告(投标邀请书)、第二章投标人须知、第三章评标办法、第四章合同条款及格式、第五章工程量清单、第六章图纸、第七章技术标准和要求、第八章投标文件格式。

下面以《标准施工招标文件》(2007年版)为范本,结合实际的案例项目,介绍《标准施工招标文件》(2007年版)第一章—第三章的内容及编制方法,第四章的内容将在项目七中介绍。

任务一 招标公告

一、任务目标

(一)目标分析(表2-1)

表2-1 目标分析

知识与技能目标	①掌握定额工期的查询方法,以及定额工期与要求工期的关系,能够使用工期定额查出房屋建筑工程的定额工期,并根据项目实际情况确定要求工期; ②掌握国家及各地区(省、市、县)规定的招标公告发布的媒体,能够说出至少两个招标公告发布的媒体(国家规定一个,项目所在地规定一个); ③掌握建筑企业资质标准中企业承包范围的内容,能够根据项目概况确定投标人需具备的最低资质; ④掌握注册建造师执业工程规模标准的内容,能够根据项目概况确定招标项目所需项目经理应具备的职业资格; ⑤熟悉招标公告包含的主要内容,能够根据项目概况,按照《标准施工招标文件》(2007年版)中招标公告的格式,编制招标公告

续表

过程与方法目标	在完成实际项目工作任务的情境下,模拟招标人(招标代理)的工作过程,通过网络自主学习、小组合作学习的方式,在教师的指导下,利用已掌握的招标投标法律知识,完成相关知识的学习,最后完成工作任务
情感与态度目标	①积极思考,培养自主学习的意识; ②培养团队协作能力; ③养成认真细致、务实严谨的工作作风

(二)工作任务描述

根据附录给出的教学案例×××学校实训大楼的项目概况、项目前期文件资料、招标计划及相关法律法规要求,完成×××学校实训大楼施工招标项目招标公告的编制。

二、工作准备

(一)工作组织

分小组完成工作任务,由小组长分配学习任务,组员根据分配到的任务,通过回顾所学知识、资料查询、实地走访等方式,完成学习任务;组内分享讨论,将自己了解的知识分享给其他组员,共同完成工作任务。

(二)资料准备

已完成招标工作计划、项目概况。

(三)知识准备

根据小组长分配的学习任务,完成"三、学习内容"中的建筑工程工期定额、建筑业企业资质标准、注册建造师执业范围等内容的学习。

三、学习内容

(一)建筑安装工程工期定额

1.建筑安装工程工期定额简介

《建筑安装工程工期定额》(TY 01-89-2016)是在《全国统一建筑安装工程工期定额》(2000年)基础上,依据国家现行产品标准、设计规范、施工及验收规范、质量评定标准和技术、安全操作规程,按照正常施工条件、常用施工方法、合理劳动组织及平均施工技术装备程度和管理水平,并结合当前常见结构及规模建筑安装工程的施工情况编制的,于2016年10月1日起施行。本定额共分为民用建筑工程、工业及其他建筑工程、构筑物工程、专业工程4个部分。

民用建筑工程部分分为±0.000以下工程、±0.000以上工程、±0.000以上钢结构工程和±0.000以上超高层建筑。

其中,±0.000以下工程分无地下室工程和有地下室工程;±0.000以上工程分居住建筑、办公建筑、旅馆酒店建筑、商业建筑、文化建筑、教育建筑、体育建筑、卫生建筑、交通建筑、广播电影电视建筑,每种建筑又分砖混、现浇剪力墙、现浇框架、装配式混凝土4种结构类型(体育建筑只有现浇框架结构)。

2.民用建筑工程定额工期计算方法

①了解工程项目建设地点、用途、建设规模(结构类型、建筑面积、层数、装修标准等)等信息。

②根据工程项目建设地点,确定施工地点属于几类地区。

③根据工程项目有无地下室、地下室层数及建筑面积、基础类型、首层建筑面积、区域类别等情况,查对应的工期定额表得出项目±0.000以下工期。

④根据工程项目用途、结构类型、层数、±0.000以上建筑面积、区域类别等情况,查对应的工期定额表得出项目±0.000以上工期。

⑤总工期=±0.000以下工期+±0.000以上工期。

⑥如遇单项工程存在装修标准与定额标准不同、两种不同结构类型、结构类型相同但功能不同、±0.000以上层数不同、±0.000以上分若干个独立部分、装配率与定额标准不同等情况,按说明部分的要求调整工期。

⑦如为同期施工的群体工程时,按定额总说明第十二点要求调整工期。

3.《建筑安装工程工期定额》摘录

总 说 明

一、《建筑安装工程工期定额》(以下简称"本定额")是在《全国统一建筑安装工程工期定额》(2000年)基础上,依据国家现行产品标准、设计规范、施工及验收规范、质量评定标准和技术、安全操作规程,按照正常施工条件、常用施工方法、合理劳动组织及平均施工技术装备程度和管理水平,并结合当前常见结构及规模建筑安装工程的施工情况编制的。

二、本定额适用于新建和扩建的建筑安装工程。

三、本定额是国有资金投资工程在可行性研究、初步设计、招标阶段确定工期的依据,非国有资金投资工程参照执行;是签订建筑安装工程施工合同的基础。

四、本定额工期,是指自开工之日起,到完成各章、节所包含的全部工程内容并达到国家验收标准之日止的日历天数(包括法定节假日);不包括三通一平、打试验桩、地下障碍物处理、基础施工前的降水和基坑支护时间、竣工文件编制所需的时间。

五、本定额包括民用建筑工程、工业及其他建筑工程、构筑物工程、专业工程四部分。

六、我国各地气候条件差别较大,以下省、市和自治区按其省会(首府)气候条件为基准划分为Ⅰ、Ⅱ、Ⅲ类地区,工期天数分别列项。

Ⅰ类地区:上海、江苏、浙江、安徽、福建、江西、湖北、湖南、广东、广西、四川、贵州、云南、重庆、海南。

Ⅱ类地区:北京、天津、河北、山西、山东、河南、陕西、甘肃、宁夏。

Ⅲ类地区:内蒙古、辽宁、吉林、黑龙江、西藏、青海、新疆。

设备安装和机械施工工程执行本定额时不分地区类别。

七、本定额综合考虑了冬雨季施工、一般气候影响、常规地质条件和节假日等因素。

八、本定额已综合考虑预拌混凝土和现场搅拌混凝土、预拌砂浆和现场搅拌砂浆的施工因素。

九、框架-剪力墙结构工期按照剪力墙结构工期计算。

十、本定额的工期是按照合格产品标准编制的。

工期压缩时,宜组织专家论证,且相应增加压缩工期增加费。

十一、本定额施工工期的调整:

(一)施工过程中,遇不可抗力、极端天气或政府政策性影响施工进度或暂停施工的,按照实际延误的工期顺延。

(二)施工过程中发现实际地质情况与地质勘查报告出入较大的,应按照实际地质情况调整工期。

(三)施工过程中遇到障碍物或古墓、文物、化石、流砂、溶洞、暗河、淤泥、石方、地下水等需要进行特殊处理且影响关键线路时,工期相应顺延。

(四)合同履行过程中,因非承包人原因发生重大设计变更的,应调整工期。

(五)其他非承包人原因造成的工期延误应予以顺延。

十二、同期施工的群体工程中,一个承包人同时承包2个以上(含2个)单项(位)工程时,工期的计算:以一个最大工期的单项(位)工程为基数,另加其他单项(位)工程工期总和乘以相应系数计算:加1个乘以系数0.35;加2个乘以系数0.2;加3个乘以系数0.15,加4个及以上的单项(位)工程不另增加工期。

加1个单项(位)工程:$T = T_1 + T_2 \times 0.35$

加2个单项(位)工程:$T = T_1 + (T_2 + T_3) \times 0.2$

加3个及以上单项(位)工程:$T = T_1 + (T_2 + T_3 + T_4) \times 0.15$

其中:T为工程总工期;T_1, T_2, T_3, T_4为所有单项(位)工程工期最大的前四个,且$T_1 \geq T_2 \geq T_3 \geq T_4$。

十三、本定额建筑面积按照国家标准《建筑工程建筑面积计算规范》GB/T 50353—2013计算;层数以建筑自然层数计算,设备管道层计算层数,出屋面的楼(电)梯间、水箱间不计算层数。

十四、本定额子目中凡注明"××以内(下)"者,均包括"××"本身,"××以外(上)"者,则不包括"××"本身。

十五、超出本定额范围的按照实际情况另行计算工期。

第一部分　民用建筑工程部分
说明

一、本部分包括民用建筑±0.000以下工程、±0.000以上工程、±0.00以上钢结构工程和±0.000以上超高层建筑四部分。

二、±0.000以下工程划分为无地下室和有地下室两部分。无地下室项目按基础类型及首层建筑面积划分;有地下室项目按地下室层数(层)、地下室建筑面积划分。其工期包括+0.000以下全部工程内容,但不含桩基工程。

三、±0.000以上工程按工程用途、结构类型、层数(层)及建筑面积划分。其工期包括±0.000以上结构、装修、安装等全部工程内容。

四、本部分装饰装修是按一般装修标准考虑的,低于一般装修标准按照相应工期乘以系数0.95;中级装修按照相应工期乘以系数1.05;高级装修按照相应工期乘以系数1.20计算。一般装修、中级装修、高级装修的划分标准如下:

装修标准划分表

项目	一般	中级	高级
内墙面	一般涂料	贴面砖、高级涂料、贴墙纸、镶贴大理石、木墙裙	干挂石材、铝合金条板、镶贴石材、乳胶漆三遍及以上、贴壁纸、锦缎软包、镶板墙面、金属装饰板、造形木墙裙
外墙面	勾缝、水刷石、干粘石、一般涂料	贴面砖、高级涂料、镶贴石材、干挂石材	干挂石材、铝合金条板、镶贴石材、弹性涂料、真石漆、幕墙、金属装饰板
天棚	一般涂料	高级涂料、吊顶、壁纸	高级涂料、造形吊顶、金属吊顶、壁纸
楼地面	水泥、混凝土、塑料、涂料、块料地面	块料、木地板、地毯楼地面	大理石、花岗岩、木地板、地毯楼地面
门、窗	塑钢窗、钢木门(窗)	彩板、塑钢、铝合金、普通木门(窗)	彩板、塑钢、铝合金、硬木、不锈钢门(窗)

注：①高级装修：内外墙面、楼地面每项分别满足3个及3个以上高级装修项目，天棚、门窗每项分别满足2个及2个以上高级装修项目，并且每项装修项目的面积之和占相应装修项目面积70%以上者；

②中级装修：内外墙面、楼地面、天棚、门窗每项分别满足2个及2个以上中级装修项目，并且每项装修项目的面积之和占相应装修项目面积70%以上者。

五、有关规定：

1.±0.000以下工程工期：无地下室按首层建筑面积计算，有地下室按地下室建筑面积总和计算。

2.±0.000以上工程工期：按±0.000以上部分建筑面积总和计算。

3.总工期：±0.000以下工程工期与±0.000以上工程工期之和。

4.单项工程±0.000以下由2种或2种以上类型组成时，按不同类型部分的面积查出相应工期，相加计算。

5.单项工程±0.000以上结构相同，使用功能不同。无变形缝时，按使用功能占建筑面积比重大的计算工期；有变形缝时，先按不同使用功能的面积查出相应工期，再以其中一个最大工期为基数，另加其他部分工期的25%计算。

6.单项工程±0.000以上由2种或2种以上结构组成。无变形缝时，先按全部面积查出不同结构的相应工期，再按不同结构各自的建筑面积加权平均计算；有变形缝时，先按不同结构各自的面积查出相应工期，再以其中一个最大工期为基数，另加其他部分工期的25%计算。

7.单项工程±0.000以上层数(层)不同，有变形缝时，先按不同层数(层)各自的面积查出相应工期，再以其中一个最大工期为基数，另加其他部分工期的25%计算。

8.单项工程中±0.000以上分成若干个独立部分时，参照总说明第十二条，同期施工的群体工程计算工期。如果±0.000以上有整体部分，将其并入工期最大的单项(位)工程中计算。

9.本定额工业化建筑中的装配式混凝土结构施工工期仅计算现场安装阶段，工期按照装配率50%编制。装配率40%、60%、70%按本定额相应工期分别乘以系数1.05、0.95、0.90计算。

10.钢-混凝土组合结构的工期,参照相应项目的工期乘以系数1.10计算。

11.±0.000以上超高层建筑单层平均面积按主塔楼±0.000以上总建筑面积除以地上总层数计算。

一、±0.000以下工程
2.有地下室工程(摘录)

编号	层数(层)	建筑面积(m²)	工期(天)		
			Ⅰ类	Ⅱ类	Ⅲ类
1-25	1	1 000 以内	80	85	90
1-26		3 000 以内	105	110	115
1-27		5 000 以内	115	120	125
1-28		7 000 以内	125	130	135
1-29		10 000 以内	150	155	160
1-30		10 000 以外	170	175	180
1-31	2	2 000 以内	120	125	130
1-32		4 000 以内	135	140	145
1-33		6 000 以内	155	160	165
1-34		8 000 以内	170	175	180
1-35		10 000 以内	185	190	195
1-36		15 000 以内	210	220	230
1-37		20 000 以内	235	245	255
1-38		20 000 以外	260	270	280

二、±0.000以上工程
6.教育建筑

结构类型:现浇剪力墙结构

编号	层数(层)	建筑面积(m²)	工期(天)		
			Ⅰ类	Ⅱ类	Ⅲ类
1-662	3以下	1 000 以内	120	130	140
1-663		3 000 以内	130	140	150
1-664		5 000 以内	140	150	160
1-665		5 000 以外	165	175	190

续表

编号	层数(层)	建筑面积(m²)	工期(天)		
			I类	II类	III类
1-666	5以下	3 000以内	160	170	185
1-667		5 000以内	175	185	200
1-668		7 000以内	190	200	215
1-669		10 000以内	210	220	235
1-670		10 000以外	225	235	250

(二)建筑业企业资质标准

1.资质分类

建筑业企业资质分为施工总承包、专业承包和施工劳务3个序列。其中施工总承包序列设有12个类别,一般分为4个等级(特级、一级、二级、三级);专业承包序列设有36个类别,一般分为3个等级(一级、二级、三级);施工劳务序列不分类别和等级。

施工总承包序列设有12个类别,分别是建筑工程施工总承包、公路工程施工总承包、铁路工程施工总承包、港口与航道工程施工总承包、水利水电工程施工总承包、电力工程施工总承包、矿山工程施工总承包、冶金工程施工总承包、石油化工工程施工总承包、市政公用工程施工总承包、通信工程施工总承包、机电工程施工总承包。

专业承包序列设有36个类别,分别是地基基础工程专业承包、起重设备安装工程专业承包、预拌混凝土专业承包、电子与智能化工程专业承包、消防设施工程专业承包、防水防腐保温工程专业承包、桥梁工程专业承包资质、隧道工程专业承包、钢结构工程专业承包、模板脚手架专业承包、建筑装修装饰工程专业承包、建筑机电安装工程专业承包、建筑幕墙工程专业承包、古建筑工程专业承包、城市及道路照明工程专业承包、公路路面工程专业承包、公路路基工程专业承包、公路交通工程专业承包、铁路电务工程专业承包、铁路铺轨架梁工程专业承包、铁路电气化工程专业承包、机场场道工程专业承包、民航空管工程及机场弱电系统工程专业承包、机场目视助航工程专业承包、港口与海岸工程专业承包、航道工程专业承包、通航建筑物工程专业承包、港航设备安装及水上交管工程专业承包、水工金属结构制作与安装工程专业承包、水利水电机电安装工程专业承包、河湖整治工程专业承包、输变电工程专业承包、核工程专业承包、海洋石油工程专业承包、环保工程专业承包、特种工程专业承包。

2.建筑工程施工总承企业承包工程范围

建筑工程施工总承企业承包工程范围见表2-2。

表2-2 建筑工程施工总承企业承包工程范围

资质等级	承包工程范围
建筑工程施工总承包特级资质	可承担建筑工程各等级的工程总承包、施工总承包和项目管理业务

续表

资质等级	承包工程范围
建筑工程施工总承包一级资质	可承担单项合同额 3 000 万元以上的下列建筑工程的施工： (1) 高度 200 m 以下的工业、民用建筑工程； (2) 高度 240 m 以下的构筑物工程
建筑工程施工总承包二级资质	可承担下列建筑工程的施工： (1) 高度 100 m 以下的工业、民用建筑工程； (2) 高度 120 m 以下的构筑物工程； (3) 建筑面积 15 万 m^2 以下的单体工业、民用建筑工程； (4) 单跨跨度 39 m 以下的建筑工程
建筑工程施工总承包三级资质	可承担下列建筑工程的施工： (1) 高度 50 m 以下的工业、民用建筑工程； (2) 高度 70 m 以下的构筑物工程； (3) 建筑面积 8 万 m^2 以下的单体工业、民用建筑工程； (4) 单跨跨度 27 m 以下的建筑工程

注：①建筑工程是指各类结构形式的民用建筑工程、工业建筑工程、构筑物工程以及相配套的道路、通信、管网管线等设施工程。工程内容包括地基与基础、主体结构、建筑屋面、装修装饰、建筑幕墙、附建人防工程以及给水排水及供暖、通风与空调、电气、消防、智能化、防雷等配套工程。

②单项合同额 3 000 万元以下且超出建筑工程施工总承包二级资质承包工程范围的建筑工程的施工，应由建筑工程施工总承包一级资质企业承担。

(三) 注册建造师执业范围

注册建造师应当在其注册证书所注明的专业范围内从事建设工程施工管理活动，大中型工程施工项目负责人必须由本专业注册建造师担任。一级注册建造师可担任大、中、小型工程施工项目负责人，二级注册建造师可以承担中、小型工程施工项目负责人。

各专业大、中、小型工程分类标准按《关于印发<注册建造师执业工程规模标准>(试行)的通知》(建市〔2007〕171 号)执行。

注册建造师不得同时担任两个及以上建设工程施工项目负责人。发生下列情形之一的除外：

①同一工程相邻分段发包或分期施工的。

②合同约定的工程验收合格的。

③因非承包方原因致使工程项目停工超过 120 天(含)，经建设单位同意的。

一般房屋建筑工程注册建造师执业工程规模标准见表 2-3。

表 2-3　房屋建筑工程(《注册建造师执业工程规模标准》摘录)

工程类别	项目名称	单位	规模			备注
			大型	中型	小型	
一般房屋建筑工程	工业、民用与公共建筑工程	层	≥25	5~25	<5	建筑物层数
		米	≥100	15~100	<15	建筑物高度
		米	≥30	15~30	<15	单跨跨度
		平方米	≥30 000	3 000~30 000	<3 000	单体建筑面积
	住宅小区或建筑群体工程	平方米	≥100 000	3 000~100 000	<3 000	建筑群建筑面积
	其他一般房屋建筑工程	万元	≥3 000	300~3 000	<300	单项工程合同额

(四) 招标公告和公示信息发布管理办法

《招标公告和公示信息发布管理办法》是为规范招标公告和公示信息发布活动,保证各类市场主体和社会公众平等、便捷、准确地获取招标信息,根据《招标投标法》《招标投标法实施条例》等有关法律法规规定而制定,自 2018 年 1 月 1 日起施行。

办法中所称招标公告和公示信息,包括招标项目的资格预审公告、招标公告、中标候选人公示、中标结果公示等信息。对依法必须招标项目的招标公告和公示信息进行澄清、修改,或者暂停、终止招标活动,采取公告形式向社会公布的,参照《招标公告和公示信息发布管理办法》有关规定执行。

1. 招标公告(资格预审公告)的内容

依法必须招标项目的招标公告(资格预审公告)应当载明以下内容：
①招标项目名称、内容、范围、规模、资金来源。
②投标资格能力要求,以及是否接受联合体投标。
③获取资格预审文件或招标文件的时间、方式。
④递交资格预审文件或投标文件的截止时间、方式。
⑤招标人及其招标代理机构的名称、地址、联系人及联系方式。
⑥采用电子招标投标方式的,潜在投标人访问电子招标投标交易平台的网址和方法。
⑦其他依法应当载明的内容。

2. 招标公告及公示信息发布的媒介

依法必须招标项目的招标公告和公示信息应当在"中国招标投标公共服务平台"或者项目所在地省级电子招标投标公共服务平台(以下统一简称"发布媒介")发布。发布媒介应当免费提供依法必须招标项目的招标公告和公示信息发布服务,并允许社会公众和市场主体免费、及时查阅前述招标公告和公示的完整信息。

依法必须招标项目的招标公告和公示信息除在发布媒介发布外,招标人或其招标代理机构也可以同步在其他媒介公开,并确保内容一致。

四、工作过程

（一）利用手机或计算机，进入当地建设工程交易中心或公共资源交易中心网站，查询并阅读一条建筑工程施工招标项目的招标公告，回答下列问题

①该招标项目，项目名称为_____，招标人为_____，建设资金来源为_____，出资比例为_____。

②该项目的建设规模为_____。

③该项目的定额工期为_____天，要求工期为_____天。

④该项目招标范围为_____。

⑤该项目要求投标人具备_____资质，要求项目经理具备_____专业_____级注册建造师执业资格。

⑥该项目获取招标文件的时间为_____，获取招标文件的地点为（方式为）_____。

⑦该项目开标时间为_____，开标地点为_____。

⑧该项目招标公告发布的媒体有：_____
_____。

（二）查询已完成的×××学校实训大楼项目招标计划，确定招标文件发售时间和开标时间，并与当地建设工程交易中心或公共资源交易中心（教师扮演）确认开标时间和开标地点

①预约开标时间及开标场地。

开标场地预约表见表2-4。

表2-4 开标场地预约表

项目名称：		项目编号：	
招标代理机构名称：			
项目负责人：		联系方式：	
预约开标时间：		预计开标时长：	
评委人数：		预计评标时长：	
开标室：			
交易中心反馈意见：			

②经确认,本项目招标文件发售时间为＿＿＿＿＿＿＿＿＿＿＿＿＿＿＿＿＿,本项目开标时间为＿＿＿＿＿＿＿＿＿＿,开标地点为＿＿＿＿＿＿＿＿＿＿＿＿＿＿＿。

(三)根据×××学校实训大楼项目的工程概况,查询《建筑安装工程工期定额》,确定定额工期

①项目概况:本项目所在地为＿＿＿＿＿省＿＿＿＿＿市,用途为＿＿＿＿＿＿＿＿,结构类型为＿＿＿＿＿结构,基础为＿＿＿＿＿基础;地下＿＿＿层,建筑面积＿＿＿＿＿＿m²,地上＿＿层,首层建筑面积＿＿＿＿＿＿m²,地上部分总建筑面积＿＿＿＿＿m²。

②按照工期定额的划分,本项目所在地区为＿＿＿类地区。

③框架-剪力墙结构工期按照＿＿＿＿＿＿＿结构工期计算。

④民用建筑的总工期=＿＿＿＿＿＿＿＿＿工期+＿＿＿＿＿＿＿＿＿工期。

⑤查建筑安装工程工期定额得知,本项目±0.000以下工期为＿＿＿＿天,±0.000以上工期为＿＿＿＿天,合计定额工期为＿＿＿＿＿天。

(四)根据×××学校实训大楼项目的工程概况,确定投标人需要具备的最低资质以及项目经理需具备的执业资格

①本项目合同估算价格为＿＿＿＿＿万元,建筑面积为＿＿＿＿＿m²,檐口高度为＿＿＿＿m。

②根据建筑业企业资质标准中的承包工程范围可知,本项目投标人需具备的最低资质为＿＿＿＿＿＿＿＿＿＿＿＿＿＿资质。

③根据注册建造师执业资格范围规定,本项目属于＿＿＿型工程(大、中、小),项目经理需要具备＿＿＿＿＿＿＿＿＿专业＿＿＿＿级注册建造师执业资格。

(五)根据国家及当地招标投标管理部门的要求,确定×××学校实训大楼项目招标公告发布的媒体

①国家指定的招标公告发布的媒介是＿＿＿＿＿＿＿＿＿＿＿＿＿＿＿＿＿＿＿＿。

②项目所在地招标投标管理部门指定的招标公告发布的媒体为＿＿。

③本项目招标公告应发布的媒体为＿＿＿。

(六)根据×××学校实训大楼项目概况及要求,完成招标文件第一章招标公告的编制

第一章 招标公告

＿＿＿＿＿＿＿＿＿＿＿＿＿＿＿＿＿＿＿＿(项目名称)施工招标公告

1.招标条件

本招标项目＿＿＿＿＿＿＿＿＿(项目名称)(招标文件备案编号:＿＿＿＿＿＿＿＿＿)已由＿＿＿＿＿＿＿＿＿＿＿＿＿＿＿＿＿＿(项目审批、核准或备案机关名称)以＿＿＿＿＿＿＿＿＿＿＿＿＿＿＿＿(批文名称及编号)批准建设,招标人(项目业主)为＿＿＿＿＿＿＿＿＿＿＿＿,建设资金来自＿＿＿＿＿＿＿＿＿＿(资金来源),项目出资比例为＿＿＿＿＿＿＿＿。项目已具备招标条件,现对该项目的施工进行公开招标。

2.项目概况与招标范围

建设地点:＿＿＿＿＿＿＿＿＿＿＿＿＿＿＿＿＿＿＿＿＿

建设规模：_____
(面积、跨度、高度、层数、道桥长\宽\厚度、跨度\敷管径等与投标单位资质设置有关的指标)
合同估算价：_____
结构类型：_____
要求工期：_____日历天,定额工期_____日历天[备注:建筑安装工程定额工期应按《建筑安装工程工期定额》(TY 01-89-2016)确定,工期压缩≥20%时,须组织专家论证,且在招标工程量清单中增设提前竣工(赶工补偿)费项目清单]
招标范围：_____
(注明主要内容以便潜在投标人了解初步的招标范围)
标段划分：_____

3.投标人资格要求

3.1 本次招标要求投标人须已办理诚信库入库手续并处于有效状态,具备_____资质(备注:招标人应当根据国家法律法规对企业资质等级许可的相关规定,合理设置企业资质等级,不得提高资质等级要求;资质设置为施工总承包已可满足项目建设要求的,不得额外同时设置专业承包资质等级)并在人员、设备、资金等方面具有相应的施工能力,其中,投标人拟派项目经理须具备_____专业_____级(含本级)以上注册建造师执业资格(备注:招标人应当根据项目规模,按照注册建造师执业工程规模标准,合理设置注册建造师等级,不应提高资格要求),已录入建筑业企业诚信信息库并处于有效状态,具备有效的安全生产考核合格证书(B类),本项目不接受有在建、已中标未开工或已列为其他项目中标候选人第一名的建造师作为项目经理[符合《注册建造师执业管理办法》(试行)除外]。

3.2 业绩要求:□无要求 □有要求,要求近三年完成过质量合格的类似工程业绩(备注:招标项目所需企业资质等级已是最低级别的,不得设置业绩要求。时间的限定一般上按近三年,以竣工验收时间为准)。

3.3 本次招标_____(接受或不接受)联合体投标。联合体投标的,应满足下列要求：_____。

3.4 各投标人可就本招标项目的所有标段进行投标,并允许中标所有标段。但投标人应就不同标段派出不同的项目经理和项目专职安全员,否则同一项目经理或项目专职安全员所投其他标段作否决投标处理。

3.5 根据最高人民法院等9部门《关于在招标投标活动中对失信被执行人实施联合惩戒的通知》(法〔2016〕285号)规定,投标人不得为失信被执行人(以评标阶段通过"信用中国"网站查询结果为准)。

4.招标文件的获取

4.1 □现场获取方式,请于_____年___月___日至_____年___月___日(不少于5个工作日,法定公休日、法定节假日除外),每日上午___时至___时,下午___时至___时,由潜在投标人(如为联合体投标的要求其联合体中施工单位)的专职投标员出示本人的身份证在市公共资源交易中心购买招标文件。

□电子标获取方式,请于_____年___月___日___时___分至投标文件递交截止时间止(不少于20日),由潜在投标人(如为联合体投标的要求其联合体中施工单位)的专职投标员凭企业 CA 锁登陆市公共资源交易平台免费下载。

4.2 招标文件(不含技术资料)每套售价＿＿＿元,售后不退(备注:招标文件售价应当限于补偿印刷的成本支出,不得以营利为目的)。

4.3 技术资料押金＿＿＿元。(备注:技术资料的发放须进入当地指定的交易中心,退还技术资料同时退还押金。技术资料押金须于发出中标通知书 5 日内退还投标人)。

5.投标文件的递交

5.1 投标文件递交的截止时间(投标截止时间,下同)为＿＿＿年＿＿＿月＿＿＿日＿＿时＿＿分,地点为＿＿＿＿＿＿＿＿＿＿＿＿＿＿＿＿＿＿＿＿＿＿＿＿＿＿＿＿＿＿＿(备注:公共资源交易中心开标室地址)。

电子标投递:投标人须在投标截止前,截止时间(投标截止时间,下同)为＿＿＿年＿＿＿月＿＿＿日＿＿＿＿时＿＿＿＿分,将加密的投标文件通过市公共资源交易平台成功上传,并将相同的未加密投标文件电子文本刻录光盘包装密封后,于投标截止前由企业法定代表人或其授权的专职投标员提交到＿＿＿＿＿＿＿＿＿＿＿＿＿＿＿＿＿＿＿＿＿＿＿＿＿＿＿＿(备注:公共资源交易中心开标室地址)。

5.2 逾期送达的或者未送达指定地点的投标文件,招标人不予受理。

5.3 专职投标员必须本人提交投标文件,并持专职投标员、拟投入的项目经理和专职安全员的身份证参加开标会议,否则招标人不予受理。

6.评标方式
□经评审的合理低价法　　□综合评估法

7.发布招标公告的媒体

本次招标公告同时在＿＿＿＿＿＿＿＿＿＿＿＿＿＿＿＿＿＿＿＿＿＿＿＿＿＿
(公告发布媒体包含但不限于上述媒体)发布。

8.注意事项

8.1 潜在投标人必须录入建筑业企业诚信信息库管理系统。由于建筑业企业诚信信息库与招标投标系统的相关信息同步存在时间差(非实时同步,每天晚上同步一次),因此投标人应至少在开标时间 2 天前将所需投标材料在诚信库内审核通过,因录入时间不足造成的后果由投标人自行承担。

8.2 投标人须办理企业 CA 锁后并确保在有效期内才能进行网上报名、下载招标文件、制作投标文件及上传投标文件等业务。

9.联系方式

招　标　人:＿＿＿＿＿＿＿＿	招标代理机构:＿＿＿＿＿＿＿＿
地　　　址:＿＿＿＿＿＿＿＿	地　　　址:＿＿＿＿＿＿＿＿
邮　　　编:＿＿＿＿＿＿＿＿	邮　　　编:＿＿＿＿＿＿＿＿
联　系　人:＿＿＿＿＿＿＿＿	联　系　人:＿＿＿＿＿＿＿＿
电　　　话:＿＿＿＿＿＿＿＿	电　　　话:＿＿＿＿＿＿＿＿
传　　　真:＿＿＿＿＿＿＿＿	传　　　真:＿＿＿＿＿＿＿＿
电子邮箱:＿＿＿＿＿＿＿＿	电子邮箱:＿＿＿＿＿＿＿＿

　　　　　　　　　　　　　　　　　　　　　＿＿＿年＿＿＿月＿＿＿日

五、工作评价与小结

(一)工作评价(表 2-5)

表 2-5 工作评价

评价项目		评价标准	自我评价	小组评价	教师评价
职业素养	工作态度(10分)	积极主动承担工作任务的得10分;对分配的工作任务有推诿现象的得6~8分;拒绝承担工作任务的得0分			
	团队协作(10分)	有较强的团队合作意识,服从小组长任务分配,并能协助团队成员共同完成工作任务的得10分;有团队合作意识,服从小组长任务分配,能配合其他成员完成工作任务的得6~8分;完全没有团队意识,不服从任务分配的得0分			
	工作效率(10分)	在要求的时间内完成工作任务的得10分;在要求的时间内完成60%以上工作任务的得6~8分;在要求的时间内完成40%以下工作任务的得2分			
	工作作风(10分)	工作严肃认真细致,字迹清晰工整,辨认无误的得10分;工作严肃认真,字迹清晰,辨认无误,但存在少量错误(0~5处)的得6~8分;工作粗心,字迹潦草,辨认不清,存在较多错误(5处以上)的得2~4分			
	工作考勤(10分)	工作不迟到、不早退、不缺勤得10分;迟到、早退一次扣1分,缺勤一次扣2分,扣完为止			
专业能力	专业技能(40分)	能够准确查询到一则施工招标的招标公告并正确填写该公告信息的得5分;能够完成开标时间及开标场地预约的得5分;能够正确计算项目定额工期的得5分;能够根据定额工期确定要求工期的得5分;能够根据项目概况确定投标人需具备的最低资质的得5分;能够根据项目概况确定项目经理需具备的执业资格的得5分;能够正确说出招标公告发布的媒体的得5分;能够完成招标公告编制的得5分(本项得分为上述内容得分合计)			
	专业知识(5分)	能按任务目标中的要求全部了解、熟悉、掌握的得5分;了解、熟悉、掌握60%以上的得3分;了解、熟悉、掌握60%以下的得1分			
	沟通能力(5分)	能够耐心听取他人的意见和建议,并顺畅、清晰地表达自己的观点,能就某一事项与他人顺利达成共识的得5分;能顺畅、清晰地表达自己的观点,但不善于听取他人的意见和建议,与他人达成共识有一定困难的得2~3分;既不能耐心听取他人的意见和建议,也无法清晰地表达自己的观点,始终无法与他人达成共识的得1分			

续表

评价项目	评价标准	自我评价	小组评价	教师评价
	合计(100分)			
	得分			

注:①自我评价占30%,小组评价占30%,教师评价占40%。
　②学生个人最终得分=自我评价×30%+小组评价×30%+教师评价×40%。

(二)工作小结

①本项目招标公告中的要求工期是怎样计算出来的?

②投标人需具备的资质是如何确定的?

③编制招标公告,需要提前了解项目的哪些信息?

④通过编写招标公告,你学到了哪些知识?

⑤本部分的任务目标中,你认为还有哪些是你没有掌握的?

六、知识拓展

如果本项目采用邀请招标,请根据项目概况完成投标邀请书。

　　　　＿＿＿＿＿＿＿＿＿＿＿＿＿(项目名称)施工投标邀请书
　　＿＿＿＿＿＿＿＿＿＿＿＿＿(被邀请单位名称):

1. 招标条件

本招标项目＿＿＿＿＿＿＿＿(项目名称)已由＿＿＿＿＿＿＿＿(项目审批、核准或备案机关名称)以＿＿＿＿＿＿＿＿(批文名称及编号)批准建设,招标人(项目业主)为＿＿＿＿＿＿＿,建设资金来自＿＿＿＿＿＿＿＿(资金来源),项目出资比例为＿＿＿＿＿＿。项目已具备招标条件,现邀请你单位参加_____(项目名称)施工投标。

2.项目概况与招标范围

建设地点:_____

建设规模:_____

(面积、跨度、高度、层数、道桥长\宽\厚度、跨度\敷管径等与投标单位资质设置有关的指标)

合同估算价:_____

结构类型:_____

要求工期:_____日历天,定额工期_____日历天[备注:建筑安装工程定额工期应按《建筑安装工程工期定额》(TY 01-89-2016)确定,工期压缩≥20%时,须组织专家论证,且在招标工程量清单中增设提前竣工(赶工补偿)费项目清单]

招标范围:_____

(注明主要内容以便潜在投标人了解初步的招标范围)

标段划分:_____

3.投标人资格要求

3.1 本次招标要求投标人须已办理诚信库入库手续并处于有效状态,具备_____资质(备注:招标人应当根据国家法律法规对企业资质等级许可的相关规定及招标项目特点,合理设置企业资质等级,不得提高资质等级要求;资质设置为施工总承包已可满足项目建设要求的,不得额外同时设置专业承包资质),并在人员、设备、资金等方面具备相应的施工能力。其中,投标人拟派项目经理须具备_____专业_____级(含以上级)注册建造师执业资格(备注:招标人应当根据项目规模,按照注册建造师执业工程规模标准,合理设置注册建造师等级,不应提高资格要求),已录入广西建筑业企业诚信信息库并处于有效状态,具备有效的安全生产考核合格证书(B类)。本项目不接受有在建、已中标未开工或已列为其他项目中标候选人第一名的建造师作为项目经理[符合《注册建造师执业管理办法》(试行)除外]。

3.2 业绩要求:□无要求 □有要求,要求近__年完成过质量合格的类似工程业绩(备注:招标项目所需企业资质等级已是最低级别的,不得设置业绩要求。业绩取自广西建筑业企业诚信信息库,时间的限定一般按近3年),类似工程指:_____。

3.3 本次招标_____(接受或不接受)联合体投标。联合体投标的,应满足下列要求:_____。

4.招标文件的获取

4.1 □现场获取方式,请于____年____月____日至____年____月____日(不少于5个工作日,法定公休日、法定节假日除外),每日上午____时至____时,下午____时至____时,由潜在投标人(如为联合体投标的要求其联合体中施工单位)的专职投标员出示本人的身份证在市公共资源交易中心购买招标文件。

□电子标获取方式,请于____年____月____日____时____分至投标文件递交截止时间止(不少于20日),由潜在投标人(如为联合体投标的要求其联合体中施工单位)的专职投标员凭企业CA锁登陆市公共资源交易平台免费下载。

4.2 招标文件(不含技术资料)每套售价____元,售后不退(备注:招标文件售价应当限于补偿印刷的成本支出,不得以营利为目的)。

4.3 技术资料押金_____元(备注:技术资料的发放须进入当地指定的交易中心,退还技术资料同时退还押金。技术资料押金须于发出中标通知书5日内退还投标人)。

5.投标文件的递交

5.1 投标文件递交的截止时间(投标截止时间,下同)为_____年_____月_____日_____时__分,地点为_____(备注:公共资源交易中心开标室地址)。

电子标投递:投标人须在投标截止前,截止时间(投标截止时间,下同)为_____年_____月_____日_____时_____分,将加密的投标文件通过市公共资源交易平台成功上传,并将相同的未加密投标文件电子文本刻录光盘包装密封后,于投标截止前由企业法定代表人或其授权的专职投标员提交到_____(备注:公共资源交易中心开标室地址)。

5.2 逾期送达的或者未送达指定地点的投标文件,招标人不予受理。

5.3 专职投标员必须本人提交投标文件,并持专职投标员、拟投入的项目经理和专职安全员的身份证参加开标会议,否则招标人不予受理。

6.评标方式

□经评审的合理低价法　　　　　□综合评估法

7.确认

你单位收到本投标邀请书后,请于_____(具体时间)前以书面方式予以确认。

8.注意事项

8.1 潜在投标人必须录入建筑业企业诚信信息库管理系统。由于建筑业企业诚信信息库与招标投标系统的相关信息同步存在时间差(非实时同步,每天晚上同步一次),因此投标人应至少在开标时间2天前将所需投标材料在诚信库内审核通过,因录入时间不足造成的后果由投标人自行承担。

8.2 投标人须办理企业CA锁后并确保在有效期内才能进行网上报名、下载招标文件、制作投标文件及上传投标文件等业务。

9.联系方式

招　标　人:_____	招标代理机构:_____
地　　　址:_____	地　　　址:_____
邮　　　编:_____	邮　　　编:_____
联　系　人:_____	联　系　人:_____
电　　　话:_____	电　　　话:_____
传　　　真:_____	传　　　真:_____
电子邮箱:_____	电子邮箱:_____
网　　　址:_____	网　　　址:_____

_____年_____月_____日

附件:确认通知格式

确认通知

_____(招标人名称):

  我方已于_____年_____月_____日收到你方_____年_____月_____日发出的_____（项目名称）关于_____的通知,并确认_____（参加/不参加）投标。
  特此确认。

被邀请单位名称:_____（盖单位章）
法定代表人:_____（签字）

_____年_____月_____日

任务二　投标人须知

一、任务目标

(一) 目标分析(表2-6)

表2-6　目标分析

知识与技能目标	①熟悉投标人须知的组成、作用及内容,能够完成投标人须知前附表的编写; ②熟悉招标文件澄清与修改、投标人提出异议的规定,能在投标人须知中正确填写投标人提出疑问的截止时间、招标人澄清、修改招标文件的时间; ③掌握投标有效期的概念,能正确、合理确定招标项目的投标有效期; ④掌握投标保证金的作用、递交形式及金额要求,能根据项目实际情况合理设置投标保证金的递交形式及金额; ⑤掌握评标委员会组成的规定,能合理设置评标委员会的人数; ⑥掌握履约保证金的作用、递交形式及金额要求,能根据项目实际情况合理设置履约保证金的递交形式及金额
过程与方法目标	在完成实际项目工作任务的情境下,模拟招标人(招标代理)的工作过程,通过自主学习、小组合作学习的方式,在教师的指导下,完成相关知识的学习,完成编制投标人须知前附表的工作任务
情感与态度目标	①积极思考,培养自主学习的意识; ②培养团队协作能力; ③养成认真细致、务实严谨的工作作风

（二）工作任务描述

根据×××学校实训大楼项目概况、前期文件资料、招标计划及相关法律法规等的要求，确定招标项目的投标有效期、投标保证金、评标委员会组成及履约保证金等内容，完成投标人须知前附表的编写，要求投标人须知的内容合法、合理，并与项目概况、招标计划及招标公告中的内容相符合。

二、工作准备

（一）工作组织

在教师的指导下，由小组长分配工作任务，组员根据分配到的任务，通过回顾所学知识、资料查询、观看微课视频等方式，完成学习任务；组内分享讨论，将自己了解的知识分享给其他组员，共同完成工作任务。

（二）资料准备

项目概况、已完成的招标计划表。

（三）知识准备

根据小组长分配的学习任务，完成"三、学习内容"的学习。

三、学习内容

（一）投标人须知的作用和组成

投标人须知是招标投标活动应遵循的程序规则和对编制、递交投标文件等投标活动的要求。投标人须知中对合同执行有实质性影响的内容，如招标范围、工期、质量等，应与合同条款、技术标准与要求、工程量清单等文件中载明的内容一致。

投标人须知包括投标人须知前附表、投标人须知正文、附表格式等内容。

1. 投标人须知前附表的作用

①将投标人须知中的关键内容和数据摘要列表，起到强调和提醒作用，必须与招标文件相关章节内容衔接一致。

②对投标人须知正文中交由前附表明确的内容给予具体约定。

③当正文中的内容与前附表规定的内容不一致时，以前附表的规定为准。

2. 投标人须知正文的主要内容

①总则：主要包括项目概况、资金来源和落实情况、招标范围、计划工期、质量要求、投标人资格要求、保密、语言文字、计量单位、踏勘现场、投标预备会、分包、偏离等内容。

②招标文件：主要包括招标文件的组成、招标文件的澄清或修改。

③投标文件：主要包括投标文件的组成、投标有效期、投标保证金、资格审查资料、备选方案、投标文件的编制。

④投标：主要包括投标文件的密封和标识、递交时间和地点、修改和撤回等规定。

⑤开标：主要包括开标时间、地点和开标程序等规定。

⑥评标：主要包括评标委员会、评标原则和评标方法等规定。

⑦合同授予:主要包括定标方式、中标通知、履约担保和签订合同。
⑧重新招标和不再招标的规定。
⑨纪律和监督:分别包括对招标人、投标人、评标委员会、与评标活动有关的工作人员的纪律要求及投诉监督。

3.附表格式

附表格式包括招标活动中需要用到的表格文件格式,通常有开标记录表、问题澄清通知、问题的澄清、中标通知书、确认通知等。

(二)投标有效期

投标有效期是指投标文件有效的期限,从投标文件递交截止时间起算,并应满足完成开标、评标以及签订合同等工作所需要的时间。

在投标有效期内,投标人对自己发出的投标文件承担法律责任,不得要求撤销或修改其投标文件。

招标人应根据招标项目的性质、规模和复杂程度,以及由以上因素决定的评标、定标所需时间确定投标有效期的长短。必要时,招标人可以书面通知投标人延长投标有效期。

当招标人要求延长投标有效期时,投标人可以有两种选择:一是同意延长,并相应延长投标保证金的有效期,但不得要求或被允许修改或撤销其投标文件;二是拒绝延长,投标文件在原投标有效期届满后失效,但有权收回其投标保证金。

(三)投标保证金

投标保证金是约束投标人履行其投标义务,保证招标人权利实现的担保。招标人可以根据项目和市场的实际情况决定是否要求投标人提交投标保证金。投标人应当按照招标文件规定的时间、形式和金额向招标人递交。

1.投标保证金的形式

投标保证金的形式一般有现金、银行电汇、银行汇票、银行保函、信用证、支票、第三方担保以及招标文件中规定的其他形式。

招标人规定的投标保证金形式应当考虑投标人有必要的选择余地,除招标文件规定的投标保证金形式外,招标人可以拒绝接收其他形式的投标保证金。依法必须招标项目的境内投标人(自然人除外),以现金或者支票形式提交的投标保证金,应从其基本银行账户转出,否则投标保证金无效。

2.投标保证金金额

投标保证金的金额不得超过招标项目估算价的2%,且不得超过50万元。

3.投标保证金的没收

投标人有下列情形之一的,招标人将不予退还投标人的投标保证金:
①投标人在规定的投标有效期内撤销或修改其投标文件。
②中标人在收到中标通知书后,无正当理由拒签合同协议书或未按招标文件规定提交履约担保。

4.投标保证金的退还

招标人最迟应当在书面合同签订后5日内向中标人和未中标的投标人退还投标保证金及

银行同期存款利息。

5.投标保证金的有效期

投标保证金的有效期应当与投标有效期一致。

(四)评标委员会的组成

依法必须招标的项目,评标委员会由招标人代表及技术、经济等方面的专家组成,成员人数为5人以上单数,其中技术、经济等方面的专家不得少于成员总数的2/3。

依法必须招标的项目,其评标委员会的专家成员应当从评标专家库内相关专业的专家名单中以随机抽取方式确定。

(五)履约保证金

履约保证金的实质是履约担保,是中标人或招标人为保证履行合同而向对方提交的担保。在招标实践中,常见的是中标人向招标人提交的履约担保。

1.履约保证金的形式

履约保证金的形式有多种,一般包括银行保函或不可撤销的信用证、保兑支票、银行汇票、现金支票或转账支票、现金及法律规定的其他形式。

2.履约保证金金额

履约保证金不得超过中标合同金额的10%。

3.不提交履约保证金的法律后果

中标人不能按照招标文件的要求提交履约担保的,视为放弃中标,其投标保证金不予退还,给招标人造成的损失超过履约保证金数额的,中标人还应对超过部分予以赔偿。

(六)《建筑施工企业安全生产管理机构设置及专职安全生产管理人员配备办法》(建质〔2008〕91号)摘录

第一条 为规范建筑施工企业安全生产管理机构的设置,明确建筑施工企业和项目专职安全生产管理人员的配备标准,根据《中华人民共和国安全生产法》《建设工程安全生产管理条例》《安全生产许可证条例》及《建筑施工企业安全生产许可证管理规定》,制定本办法。

第二条 从事土木工程、建筑工程、线路管道和设备安装工程及装修工程的新建、改建、扩建和拆除等活动的建筑施工企业安全生产管理机构的设置及其专职安全生产管理人员的配备,适用本办法。

第三条 本办法所称安全生产管理机构是指建筑施工企业设置的负责安全生产管理工作的独立职能部门。

第四条 本办法所称专职安全生产管理人员是指经建设主管部门或者其他有关部门安全生产考核合格取得安全生产考核合格证书,并在建筑施工企业及其项目从事安全生产管理工作的专职人员。

第十三条 总承包单位配备项目专职安全生产管理人员应当满足下列要求:

(一)建筑工程、装修工程按照建筑面积配备:

1.1万平方米以下的工程不少于1人;

2.1万~5万平方米的工程不少于2人;

3.5万平方米及以上的工程不少于3人,且按专业配备专职安全生产管理人员。

(二)土木工程、线路管道、设备安装工程按照工程合同价配备:

1.5 000万元以下的工程不少于1人;

2.5 000万~1亿元的工程不少于2人;

3.1亿元及以上的工程不少于3人,且按专业配备专职安全生产管理人员。

第十四条 分包单位配备项目专职安全生产管理人员应当满足下列要求:

(一)专业承包单位应当配置至少1人,并根据所承担的分部分项工程的工程量和施工危险程度增加。

(二)劳务分包单位施工人员在50人以下的,应当配备1名专职安全生产管理人员;50~200人的,应当配备2名专职安全生产管理人员;200人及以上的,应当配备3名及以上专职安全生产管理人员,并根据所承担的分部分项工程施工危险实际情况增加,不得少于工程施工人员总人数的5‰。

第十五条 采用新技术、新工艺、新材料或致害因素多、施工作业难度大的工程项目,项目专职安全生产管理人员的数量应当根据施工实际情况,在第十三条、第十四条规定的配备标准上增加。

(七)《关于调整建筑施工现场项目部管理的通知》(桂林市建设与规划委员会建规〔2006〕270号)

各施工企业应根据工程项目的实际需要组建项目管理班子,但不得低于以下配置标准:

①1万平方米以下的房屋建筑工程、装修工程或5 000万元以下的市政工程和其他工程配置标准,见表2-7。

表2-7 配置标准1

各类人员	内容		
	数量	资质	备注
项目经理	1	按资质管理标准	专职押证
项目副经理	0~1		企业可视工程情况自行设置
技术负责人	1	助理工程师	专职不押证
施工员	1	中级	专职不押证
质检员	1	中级	专职不押证
专职安全生产管理人员	1	C证	专职、押证

②1万~5万平方米的房屋建筑工程、装修工程或5 000万~1亿元以下的市政工程和其他工程配置标准,见表2-8。

表2-8 配置标准2

各类人员	内容		
	数量	资质	备注
项目经理	1	按资质管理标准	专职押证
项目副经理	1		专职不押证
技术负责人	1	工程师	专职不押证
施工员	1~2	中级	专职不押证
质检员	1	中级	专职不押证
专职安全生产管理人员	2	C证	专职押证

③5万平方米以上的房屋建筑工程或1亿元以上的市政工程和其他工程配置标准,见表2-9。

表2-9 配置标准3

各类人员	内容		
	数量	资质	备注
项目经理	1	按资质标准	专职、押证
项目副经理	2		专职不押证
技术负责人	1	工程师以上	工程师专职,高级工程师兼职
施工员	2人以上	中级	专职不押证
质检员	2	中级	专职不押证
专职安全生产管理人员	3	C证	专职、押证,应当设置安全主管,按土建、机电设备等专业设置专职安全生产管理人员

(八)重新招标和不再招标

《标准施工招标文件》(2007年版)中规定的重新招标和不再招标的情形如下:

1. 重新招标

有下列情形之一的,招标人将重新招标:
①投标截止时间止,投标人少于3个的。
②经评标委员会评审后否决所有投标的。

2. 不再招标

重新招标后投标人仍少于3个或者所有投标被否决的,属于必须审批或核准的工程建设项目,经原审批或核准部门批准后不再进行招标。

四、工作过程

(一)确定计划开工日期和计划竣工日期

①我国法律规定,建筑工程开工前,_____应当按照国家有关规定向工程所在地县级以上人民政府建设行政主管部门申请领取施工许可证。申领施工许可证应当具备的条件之一是已经确定建筑施工企业(完成施工招标并签订合同)。因此,根据本项目招标计划,建设单位可以申领施工许可证的时间(最早时间)为_____。

②建设行政主管部门应当自收到申请(领取施工许可证的申请)之日起____日内,对符合条件的申请颁发施工许可证。因此,本项目可以领取施工许可证的最迟时间为_____。

③施工许可证的有效期为__个月。因此,本项目计划开工日期(最迟)为_____。

④本项目的要求工期为____天。本项目计划竣工日期(最迟)为_____。

(二)确定项目专职安全员人数及项目现场人员最低要求

①《建筑施工企业安全生产管理机构设置及专职安全生产管理人员配备办法》规定,总承包单位配备项目专职安全生产管理人员需满足以下规定:1万 m^2 以下的工程不少于__人;1万~5万 m^2 的工程不少于____人;5万 m^2 及以上的工程不少于____人,且按专业配备专职安全生产管理人员。

②本项目建筑面积为_____ m^2,因此至少配备专职安全员____人。

③根据《关于调整建筑施工现场项目部管理的通知》要求,本项目要求投标人配置的现场人员最低要求为:项目经理____人、项目副经理____人、技术负责人____人、施工员____人、质检员____人、专职安全生产管理人员____人。

(三)阅读《招标投标法》第二十三条及《招标投标法实施条例》第二十一、二十二条,回答下列问题

①招标人对招标文件进行必要的澄清或修改,内容可能影响投标文件编制的,应当在投标截止时间至少_____日前,以_____形式通知所有获取招标文件的潜在投标人。不足_____日的,招标人应当_____。

②潜在投标人或者其他利害关系人对招标文件有异议的,应当在_____时间____日前提出。招标人应当自收到异议之日起____日内作出答复,作出答复前,应_____。

(四)投标有效期的设定

①投标有效期从_____时间开始计算。在投标有效期内,招标人必须完成_____等工作。根据已拟定的招标计划,本项目投标有效期至少应为____天。

②招标人是否可以要求延长投标有效期?_____(可以/不可以)

(五)投标保证金的设定

①投标保证金常用的形式有:_____。

②投标保证金的金额一般为项目估算价的____%,且最多不超过_____万元。

③本项目估算价为_____万元,设定的投标保证金金额不能超过_____万元。

④投标保证金的有效期应当与_____一致。

⑤依法必须招标项目的境内投标人(自然人除外),以现金或者支票形式提交的投标保证金,应从_____转出,否则投标保证金无效。

(六)评标委员会的设定

评标委员会由_____及_____组成,成员人数为____人以上单数,其中,_____不得少于成员总数的2/3。依法必须招标的项目,其评标委员会的专家成员应当从评标专家库内相关专业的专家名单中以_____方式确定。

(七)履约保证金的设定

①履约保证金常用的形式有_____。

②履约保证金的上限不能超过_____的____%。

③中标人如不按招标文件的要求递交履约保证金,招标人可_____。

(八)根据×××学校实训大楼项目概况及要求,完成招标文件第二章中"投标人须知前附表"的编制

第二章　投标人须知

投标人须知前附表

条款号	条款名称	编列内容
1.1.2	招标人	名称：_____ 地址：_____ 联系人：_____ 电话：_____
1.1.3	招标代理机构	名称：_____ 地址：_____ 联系人：_____ 电话：_____
1.1.4	项目名称	
1.1.5	建设地点	
1.2.1	资金来源	
1.2.2	出资比例	
1.2.3	资金落实情况	
1.3.1	招标范围	

续表

条款号	条款名称	编列内容
1.3.2	计划工期	要求工期：_____日历天 定额工期：_____日历天【备注：建筑安装工程定额工期应按《建筑安装工程工期定额》(TY01-89-2016)确定】 计划开工日期：_____年____月__日 计划竣工日期：_____年____月__日
1.3.3	质量要求	合格
1.4.1	投标人资质条件、能力和信誉	(1)资质条件：_____ (2)财务要求：近__年(一般为近3年)经审计的财务报表(以建筑业企业诚信信息库为准)【备注：对于从取得营业执照时间起到投标截止时间为止不足要求年数的企业，只需提交企业取得营业执照年份至所要求最近年份经审计的财务报表】。 (3)业绩要求：近____年(一般为近3年)企业完成过质量合格的类似工程项目[已竣工工程业绩以建筑业企业诚信信息库为准，如招标人选择接受在建工程作为业绩的，应约定在投标文件组成的"业绩(在建工程)"节点上传相关证明材料的原件扫描件]。(此项可选) (4)诚信要求：根据最高人民法院等9部门《关于在招标投标活动中对失信被执行人实施联合惩戒的通知》(法〔2016〕285号)规定，投标人不得为失信被执行人(以评标阶段通过"信用中国"网站查询的结果为准)；投标人企业和拟投入项目经理及专职安全员的建筑市场诚信信息未被锁定。 (5)项目经理资格：_____专业____级(含以上级)注册建造师执业资格，已录入建筑业企业诚信信息库并处于有效状态，具备有效的安全生产考核合格证书(B类)。本项目不接受有在建、已中标未开工或已列为其他项目中标候选人第一名的建造师作为项目经理[符合《注册建造师执业管理办法》(试行)除外]。 (6)专职安全员要求：专职安全员须已录入建筑业企业诚信信息库并处于有效状态，具备有效的安全生产考核合格证书(C类)，人数符合住房和城乡建设部《建筑施工企业安全生产管理机构设置及专职安全生产管理人员配备办法》的规定不少于____人。 (备注：以上条件要求的投标人信息，如无特别出处要求的，一律以建筑业企业诚信信息库通过审核的信息为准。) (7)其他要求：符合市建规〔2006〕270号文现场人员规定最低要求。

续表

条款号	条款名称	编列内容
1.4.2	是否接受联合体投标	■不接受 □接受,应满足下列要求:_____ _____
1.9.1	踏勘现场	□不组织 □组织,踏勘时间:_____ 踏勘集中地点:_____
1.10.1	投标预备会	□不召开 □召开,召开时间:_____ 召开地点:_____
1.10.2	投标人提出问题的截止时间	
1.10.3	招标人书面澄清的时间	
1.11	分包	■不允许 □允许,分包内容要求: 分包金额要求: 接受分包的第三人资质要求:
1.12	偏离	■不允许
2.1	构成招标文件的其他材料	
2.2.1	投标人要求澄清招标文件的截止时间	
2.2.2	投标截止时间	____年 月 日 时 分
	招标文件澄清发布的方式	在___招标公告发布的相同___网站发布
2.2.3	投标人确认收到招标文件澄清的方式	澄清文件在本章第2.2.2款规定的网站上发布之日起,视为投标人已收到该澄清。投标人未及时关注招标人在网站上发布的澄清文件造成的损失,由投标人自行负责。
2.3.1	招标文件修改发布的方式	在___招标公告发布的相同___网站发布

续表

条款号	条款名称	编列内容
2.3.2	投标人确认收到招标文件修改的方式	修改文件在本章第 2.3.1 款规定的网站上发布之日起,视为投标人已收到该澄清。投标人未及时关注招标人在网站上发布的澄清文件造成的损失,由投标人自行负责。
3.1.1	构成投标文件的材料	投标文件的组成部分:资格审查部分、商务标部分、技术标暗标部分、技术标明标部分、企业信誉实力部分组成。 资格审查部分【备注:以下扫描件均为原件的扫描件】: (1)投标人基本情况表(附已录入建筑业企业诚信信息库的有效的企业营业执照、企业资质证书副本和安全生产许可证副本等的原件扫描件); (2)投标保证金的转账(或电汇)底单或银行保函(工程担保或工程保证保险)扫描件; (3)建设工程项目管理承诺书; (4)资格审查需要的其他材料:项目管理机构配备情况表、拟投入施工机械设备情况表、企业近__年已完成类似项目一览表(如有)、企业近__年信誉实力一览表(如有)、企业近__年财务状况表、近__年发生的诉讼和仲裁情况(如有)等。 商务标部分: (1)投标函; (2)投标函附录; (3)投标报价表; (4)已标价工程量清单。 技术标暗标部分: 施工组织设计。 技术标明标部分: (1)项目管理机构配备情况表; (2)拟投入本标段的主要施工设备表; (3)项目经理(注册建造师)简历表; (4)项目技术负责人简历表; (5)机械设备投入计划及检测设备。 企业信誉实力部分: 企业信誉实力一览表
3.3.1	投标有效期	＿＿＿＿＿＿日

续表

条款号	条款名称	编列内容
3.4.1	投标保证金	投标保证金的形式：_____、_____、_____、_____、_____或_____。禁止采用现钞交纳方式。【备注：严禁要求投标人只能以现金方式提交保证金的行为。采用银行保函、工程担保或工程保证保险方式的，必须为无条件保函，保函有效期不得低于投标有效期。】 投标保证金的金额：_____万元【备注：不得超过项目估算价的2%，且最多不超过50万元】 递交方式： 1.使用银行转账时投标保证金必须从投标人的基本账户转出并在_____时间前到达至指定的投标保证金专用账户，否则投标无效。 2.投标人使用工程担保、工程保证保险、银行保函递交方式时，投标人将保函原件电子扫描件作为投标文件的组成部分同步上传至公共资源交易平台，否则投标无效。在_____时间前，投标人在开标现场提交保函原件，由招标人核验保函信息，确认保函是否有效后交由招标人或当地交易中心管理。 3.交纳投标保证金年金。 (注：投标保证金专用账户同公共资源交易中心网站发布的招标公告的投标保证金账户) 凡未在规定时间内到达或以其他方式递交的投标保证金均视为无效，其投标文件一律作无效投标处理。开标时以银行到账单或年金协议或开户银行开具的保函为准
3.5.2	近年财务状况的年份要求	_____年
3.5.3	近年完成的类似项目的年份要求	_____年
3.5.5	近年发生的诉讼及仲裁情况的年份要求	_____年
3.6	是否允许递交备选投标方案	不允许
3.7.3	签字或盖章要求	纸质投标文件正本与副本均由投标人在招标文件规定的相关位置加盖投标人法人单位公章，且经法定代表人签字（或盖章）或其委托代理人本人签字。 电子投标文件由投标人在招标文件规定的投标文件相关位置加盖投标人法人单位及法定代表人电子印章。 投标文件未经投标人盖章或法定代表人签字（或盖章）或其委托代理人本人签字的，均作否决投标处理
3.7.4	投标文件副本份数	_____份

续表

条款号	条款名称	编列内容
3.7.5	装订要求	纸质投标文件应按以下要求装订： □不分册装订 ■分册装订,共分____册,分别为： _____ _____。 投标文件每册装订应牢固、不易拆散和换页,不得采用活页装订。 电子招标文件按前附表4.1.1要求
4.1.1	未加密的电子投标文件光盘包装、密封【备注:右栏内容招标人可根据项目实际情况需要增减】	未加密的电子投标文件光盘密封方式:单独放入一个密封袋中,并在封套封口处加盖投标人单位章,在封套上标记"电子投标文件"字样,在投标截止前提交
4.1.2	封套上写明	项目招标编号：_____ 招标人的地址：_____ 招标人名称：_____ 标段(如有多个标段时)：_____ _____(项目名称)资格审查标/技术标(明/暗)/商务标投标文件 投标人地址：_____ 投标人名称：_____ 在 年 月 日 时 分前不得开启
4.2.2	递交投标文件地点	电子投标文件由各投标人在投标时间截止前自行在公共资源交易平台上传； 纸质投标文件及未加密的电子投标文件光盘现场提交地点：_____ _____ (当地交易中心开标地点)。
4.2.3	是否退还投标文件	否
5.1	开标时间和地点	开标时间:同投标截止时间 开标地点：_____ _____
5.2	开标程序	见正文5.2条
6.1.1	评标委员会的组建	评标委员会构成：____人,其中招标人代表____人,专家____人； 评标专家确定方式：_____ _____

续表

条款号	条款名称	编列内容
6.3	评标方式	□经评审的合理低价法 □综合评估法
6.6.1	中标候选人公示的媒介	在招标公告发布的同一媒介上公示
7.1	是否授权评标委员会确定中标人	□是 ■否,推荐的中标候选人数:_____
7.3.1	履约担保	履约保证金的形式:可以采用现金、银行保函、工程担保或保证保险等形式【备注:严禁要求中标人只能以现金方式提交保证金的行为】 履约保证金的金额:合同价×____%【备注:上限为合同价款扣除建安劳保费、发包人材料价款、暂估专业工程、暂列金额后的10%】 投标人在收到中标通知书后,须在____日内向招标人足额提交履约保证金,否则招标人可以取消其中标资格【备注:此处约定应与合同专用条款第3.7条一致】
10		需要补充的其他内容
10.1.1	类似项目	类似项目是指:<u>与本工程的工程类别相同,投资规模或建筑面积或跨度、层高、结构相近的工程。</u>
10.2	招标控制价	■设招标控制价【备注:政府及国有资金投资的工程建设项目招标,招标人必须勾选】 □不设招标控制价
		本项目招标控制价:_____元
10.9.1	招标代理服务费的计算与收取	□招标人支付【备注:国有投资和使用国有资金的项目在建设项目费用组成中已包含招标代理服务费的,须选择由招标人支付】 □中标人支付。具体为:根据招标人与代理人签订的《建设工程招标代理合同》,本项目委托招标代理服务费按_____计取,由中标人在领取中标通知书时,一次性向招标代理机构支付

注:①"投标人须知前附表"中的条款名称、编列内容,招标人可根据项目实际需要对可修改部分进行适当的增减。
②招标人如需对"投标人须知"正文条款进行细化调整的,应在"投标人须知前附表"中进行。

五、工作评价与小结

（一）工作评价（表2-10）

表2-10　工作评价

评价项目		评价标准	自我评价	小组评价	教师评价
职业素养	工作态度 （10分）	积极主动承担工作任务得10分；服从工作任务分配得6~8分；对分配工作任务有推诿现象的得2~4分；拒绝承担工作任务的得0分			
	团队协作 （10分）	有较强的团队合作意识，协助团队成员共同完成工作任务的得10分；有团队合作意识，能配合其他成员完成工作任务的得6~8分；完全没有团队意识的得0分			
	工作效率 （10分）	在要求的时间内完成工作任务的得10分；在要求的时间内完成60%以上的工作任务的得6~8分；在要求的时间内完成40%以下的工作任务的得2~4分			
	工作作风 （10分）	工作严肃认真细致，字迹工整，没有错别字，载明事项与项目相符，内容前后呼应的得10分；工作严肃认真，字迹工整，载明事项与项目有少量不符（3处以内），有少量错别字（3个以内）的得6~8分；工作认真，字迹较工整，载明事项与项目有部分不符（5处以内），有错别字（10个以内）的得2~4分；工作粗心，字迹潦草，工作存在较大失误的得1分			
	工作考勤 （10分）	不迟到、不早退、不缺勤得10分；迟到、早退一次扣1分，缺勤一次扣2分，扣完为止			
专业能力	专业技能 （40分）	能够合理设定计划开工日期，并根据计划开工日期、要求工期计算出计划竣工日期的得5分；能够按照法律法规规定正确设置项目所需专职安全管理人员人数的得5分；能够合理设置投标有效期的得5分；能够正确填写投标保证金的形式并合理设置投标保证金金额的得5分；能够合理设置评标委员会人数的得5分；能够合理设置履约保证金金额的得5分；能正确填写投标人须知前附表中其他内容，载明事项与项目情况相符的得10分，填错一处扣1分，扣完为止（本项得分为上述内容得分合计）			
	专业知识 （5分）	能按任务目标中的要求全部了解、熟悉、掌握的得5分；了解、熟悉、掌握60%以上的得3分；了解、熟悉、掌握60%以下的得1分			

续表

评价项目		评价标准	自我评价	小组评价	教师评价
专业能力	沟通能力（5分）	能够耐心听取他人的意见和建议,并顺畅、清晰地表达自己的观点,能就某一事项与他人顺利达成共识的得5分;能顺畅、清晰地表达自己的观点,但不善于听取他人的意见和建议,与他人达成共识有一定困难的得2~3分;既不能耐心听取他人的意见和建议,也无法清晰地表达自己的观点,始终无法与他人达成共识的得1分			
合计（100分）					
得分					

注:①自我评价占30%,小组评价占30%,教师评价占40%。
②学生个人最终得分＝自我评价×30%＋小组评价×30%＋教师评价×40%。

（二）工作小结

①在编写投标人须知前附表过程中,你认为哪些地方容易出错?

②投标人须知前附表中哪些内容应与前期制作的招标计划、招标文件相同?

③在完成任务的过程中,你学到了哪些知识?

④本部分的任务目标中,你认为还有哪些是你没有掌握的?

任务三　评标办法

一、任务目标

(一)目标分析(表2-11)

表2-11　目标分析

知识与技能目标	①了解招标文件中评标办法包含的主要内容； ②掌握建设工程项目招标常用的评标方法，能说出两种评标方法的名称、概念； ③掌握《标准施工招标文件》(2007年版)中列出的经评审的最低投标价法、综合评估法的评审因素及标准，能够根据文件中的评审因素及标准，结合项目实际情况，编制评标办法前附表
过程与方法目标	在完成实际项目工作任务的情境下，模拟招标人(招标代理)的工作过程，通过自主学习、小组合作学习的方式，在教师的指导下，完成相关知识的学习，完成编制评标办法前附表的工作任务
情感与态度目标	①积极思考，培养自主学习的意识； ②培养团队协作能力； ③养成认真细致、务实严谨的工作作风

(二)工作任务描述

根据×××学校实训大楼项目特征及要求，经招标人及招标代理研究决定本项目资格审查方法采用合格制，评标办法采用经评审的最低投标价法，请完成评标办法前附表的编写，要求评审因素及标准符合项目要求。

二、工作准备

(一)工作组织

在教师的指导下，由小组长分配工作任务，组员根据分配到的任务，通过回顾所学知识、资料查询、观看微课视频等方式，完成学习任务；组内分享讨论，将自己了解的知识分享给其他组员，共同完成工作任务。

(二)资料准备

×××学校实训大楼项目概况、投标人须知前附表。

(三)知识准备

根据小组长分配的学习任务，完成"三、学习内容"学习。

三、学习内容

(一)评标办法的内容

评标办法是招标文件的重要组成内容,包括评标办法前附表、评标办法正文,以及附件、附表等。

评标办法前附表应列明全部的评审因素和评审标准。

评标办法正文部分包括评标方法、评标标准、评标程序。

评标方法是招标人根据项目的特点和要求,在招标文件中规定的评标委员会对投标文件进行评价和比较的方法。

评标标准是指对投标文件进行评价和比较时需要考量的因素及其具体的标准,一般会将具体的评审因素、评审依据、评审标准列明在评标办法前附表中。

评标程序是指评标的过程和具体步骤,包括初步评审、详细评审、投标文件的澄清和补正、评标结果。

评标中具体问题的处理方法、否决投标的情形、评标表格等内容,可以附件、附表的形式,列在评标办法正文之后。

(二)评标方法

《评标委员会和评标方法暂行规定》第二十九条、《房屋建筑和市政基础设施工程施工招标投标管理办法》第四十条均规定,评标方法包括经评审的最低投标价法、综合评估法或者法律、行政法规允许的其他评标方法。

《标准施工招标文件》(2007年版)中,列出了"经评审的最低投标价法"和"综合评估法"两种评标办法。招标人可根据项目的特点和实际需要选择使用。

1.经评审的最低投标价法

经评审的最低投标价法,是以价格为主要考量因素,对投标文件进行评价的一种评标方法。一般适用于具有通用技术、性能标准或者招标人对其技术、性能没有特殊要求的招标项目。

采用经评审的最低投标价法,应当在投标文件能够满足招标文件实质性要求的投标人中,评审出投标价格最低的投标人,推荐为中标候选人,但投标价格低于其企业成本的除外。

评标委员会应当根据招标文件中规定的评标价格调整方法,根据所有投标人的投标报价以及投标文件的商务部分做必要的价格调整。中标人的标书内容应当符合招标文件规定的技术要求和标准,但评标委员会无须对投标文件的技术部分进行价格折算。

根据经评审的最低投标价法完成详细评审后,评标委员会应当拟订一份标价比较表,连同书面评标报告提交招标人。标价比较表应当载明投标人的投标报价、对商务偏差的价格调整和说明以及经评审的最终投标价。

2.综合评估法

综合评估法,是同时考虑价格、商务和技术等各方面因素,对投标文件进行综合评价的一种评标方法。不宜采用经评审的最低投标价法的招标项目,一般应当采取综合评估法进行评审。

采用综合评估法的,应当对投标文件提出的工程质量、施工工期、投标价格、施工组织设计或者施工方案、投标人及项目经理业绩等,能否最大限度地满足招标文件中规定的各项要求和评价标准进行评审和比较,评审出最大限度地满足招标文件中规定的各项综合评价标准的投标人,推荐为中标候选人。

衡量投标文件是否最大限度地满足招标文件中规定的各项评价标准,可以采取折算为货币的方法、打分的方法或者其他方法。需量化的因素及其权重应当在招标文件中明确规定。

根据综合评估法完成评标后,评标委员会应当拟订一份综合评估比较表,连同书面评标报告提交招标人。综合评估比较表应当载明投标人的投标报价、所作的任何修正、对商务偏差的调整、对技术偏差的调整、对各评审因素的评估以及对每一投标的最终评审结果。

(三)《标准施工招标文件》(2007年版)评标办法前附表摘录

(经评审的最低投标价法)评标办法前附表

条款号	评审因素		评审标准
2.1.1	形式评审标准	投标人名称	与营业执照、资质证书、安全生产许可证一致
		投标函签字盖章	有法定代表人或其委托代理人签字或加盖单位章
		投标文件格式	符合第八章"投标文件格式"的要求
		联合体投标人	提交联合体协议书,并明确联合体牵头人(如有)
		报价唯一	只能有一个有效报价
		……	……
2.1.2	资格评审标准	营业执照	具备有效的营业执照
		安全生产许可证	具备有效的安全生产许可证
		资质等级	符合第二章"投标人须知"第1.4.1项规定
		财务状况	符合第二章"投标人须知"第1.4.1项规定
		类似项目业绩	符合第二章"投标人须知"第1.4.1项规定
		信誉	符合第二章"投标人须知"第1.4.1项规定
		项目经理	符合第二章"投标人须知"第1.4.1项规定
		其他要求	符合第二章"投标人须知"第1.4.1项规定
		联合体投标人	符合第二章"投标人须知"第1.4.2项规定(如有)
		……	……

续表

条款号		评审因素	评审标准
2.1.3	响应性评审标准	投标内容	符合第二章"投标人须知"第1.3.1项规定
		工期	符合第二章"投标人须知"第1.3.2项规定
		工程质量	符合第二章"投标人须知"第1.3.3项规定
		投标有效期	符合第二章"投标人须知"第3.3.1项规定
		投标保证金	符合第二章"投标人须知"第3.4.1项规定
		权利义务	符合第四章"合同条款及格式"规定
		已标价工程量清单	符合第五章"工程量清单"给出的范围及数量
		技术标准和要求	符合第七章"技术标准和要求"规定
		……	……
2.1.4	施工组织设计和项目管理机构评审标准	施工方案与技术措施	
		质量管理体系与措施	
		安全管理体系与措施	……
		环境保护管理体系与措施	……
		工程进度计划与措施	……
		资源配备计划	……
		技术负责人	……
		其他主要人员	……
		施工设备	……
		试验、检测仪器设备	……
		……	……

条款号		量化因素	量化标准
2.2	详细评审标准	单价遗漏	……
		付款条件	……
		……	……

（综合评估法）评标办法前附表

条款号		评审因素	评审标准
2.1.1	形式评审标准	投标人名称	与营业执照、资质证书、安全生产许可证一致
		投标函签字盖章	有法定代表人或其委托代理人签字或加盖单位章
		投标文件格式	符合第八章"投标文件格式"的要求
		联合体投标人	提交联合体协议书，并明确联合体牵头人
		报价唯一	只能有一个有效报价
		……	……
2.1.2	资格评审标准	营业执照	具备有效的营业执照
		安全生产许可证	具备有效的安全生产许可证
		资质等级	符合第二章"投标人须知"第1.4.1项规定
		财务状况	符合第二章"投标人须知"第1.4.1项规定
		类似项目业绩	符合第二章"投标人须知"第1.4.1项规定
		信誉	符合第二章"投标人须知"第1.4.1项规定
		项目经理	符合第二章"投标人须知"第1.4.1项规定
		其他要求	符合第二章"投标人须知"第1.4.1项规定
		联合体投标人	符合第二章"投标人须知"第1.4.2项规定
		……	……
2.1.3	响应性评审标准	投标内容	符合第二章"投标人须知"第1.3.1项规定
		工期	符合第二章"投标人须知"第1.3.2项规定
		工程质量	符合第二章"投标人须知"第1.3.3项规定
		投标有效期	符合第二章"投标人须知"第3.3.1项规定
		投标保证金	符合第二章"投标人须知"第3.4.1项规定
		权利义务	符合第四章"合同条款及格式"规定
		已标价工程量清单	符合第五章"工程量清单"给出的范围及数量
		技术标准和要求	符合第七章"技术标准和要求"规定
		……	……

条款号	条款内容	编列内容
2.2.1	分值构成 （总分100分）	施工组织设计：＿＿＿＿＿分 项目管理机构：＿＿＿＿＿分 投标报价：＿＿＿＿＿分 其他评分因素：＿＿＿＿＿分
2.2.2	评标基准价计算方法	

续表

条款号	评审因素	评审标准
2.2.3	投标报价的偏差率计算公式	偏差率＝100％×(投标人报价-评标基准价)/评标基准价

条款号	评分因素		评分标准
2.2.4(1)	施工组织设计评分标准	内容完整性和编制水平	……
		施工方案与技术措施	……
		质量管理体系与措施	……
		安全管理体系与措施	……
		环境保护管理体系与措施	……
		工程进度计划与措施	……
		资源配备计划	……
		……	……
2.2.4(2)	项目管理机构评分标准	项目经理任职资格与业绩	……
		技术负责人任职资格与业绩	……
		其他主要人员	……
		……	……
2.2.4(3)	投标报价评分标准	偏差率	……
		……	……
2.2.4(4)	其他因素评分标准	……	……

四、工作过程

根据项目概况及要求,将下面的评标办法前附表填写完整[本评标办法参照《广西壮族自治区房屋建筑和市政工程施工招标文件范本》(2019年版)第三章评标办法(经评审的合理低价法)的内容所列]。

第三章 评标办法(经评审的合理低价法)
评标办法前附表

2.1 初步评审
2.1.1 资格评审

条款号	评审因素	评审标准
2.1.1	资格评审（合格制）	合格标准：_____
		投标文件签署：有效的法定代表人身份证明(附身份证复印件)或法人授权委托书(附身份证复印件,授权代理时提供)
		营业执照
		财务状况
		诚信
		专职安全员
		投标保证金
		其他要求

2.1.2 形式评审

条款号	评审因素	评审标准
2.1.2	形式评审	合格标准：_____
		投标函签字盖章
		投标文件格式
		报价唯一
		投标人名称

2.1.3 响应性评审

条款号	评审因素	评审标准
2.1.3	响应性评审	合格标准：_____
		投标内容
		工　期
		工程质量
		投标有效期
		权利义务：投标函附录中的相关承诺符合或优于第四章"合同条款及格式"的相关规定
		技术标准和要求：符合第七章"技术标准和要求"规定
		投标价格
		分包计划：符合第二章"投标人须知"第1.11款规定
		已标价工程量清单：符合第五章"工程量清单"给出的范围及数量，按《××市建筑工程安全防护、文明施工措施费计取及使用管理暂行办法》第二十条规定，施工单位在投标报价时，未按本暂行办法规定计取费率低于本暂行办法规定标准的，不得推荐为中标候选人
		投标保证金：符合第二章"投标人须知"第3.4.1项规定

2.1.4 施工组织设计和项目管理机构评审标准

条款号	评审因素		评审标准
2.1.4	施工组织设计和项目管理机构评审标准		合格标准：_____
		项目经理任职资格与业绩、工作经历	
	项目管理机构	技术负责人任职资格与业绩、工作经历	
		其他主要人员	

续表

条款号		评审因素		评审标准
2.1.4	施工组织设计和项目管理机构评审标准	施工组织设计	主要施工方法	各主要分部施工方法符合项目实际,须有详尽的施工技术方案,工艺先进,方法科学合理、可行,能指导具体施工并确保安全
			拟投入的主要物资计划	投入的施工材料有详细的组织计划且计划周密,数量、选型配置、进场时间安排合理,满足施工需要
			拟投入的主要施工机械、设备计划	投入的施工机械、设备、机具有详细的组织计划且计划周密,设备数量、选型配置、进场时间安排合理,满足施工需要
			劳动力安排计划	各主要施工工序应有详细周密的劳动力安排计划,有各工种劳动力安排计划,劳动力投入合理,满足施工需要
			确保工程质量的技术组织措施	应有专门的质量技术管理班子和制度,且人员配备合理,制度健全。主要工序应有质量技术保证措施和手段,自控体系完整,能有效保证技术质量,达到承诺的质量标准
			确保安全生产的技术组织措施	应有专门的安全管理人员和制度,且人员配备合理,制度健全,各道工序安全技术措施针对性强,符合实际且满足有关安全技术标准要求。现场防火、应急救援、社会治安安全措施得力。 危险性较大的分部分项工程清单补充完善并明确相应的安全管理措施。(如有)
			确保工期的技术组织措施	在施工工艺、施工方法、材料选用、劳动力安排、技术等方面有保证工期的具体措施且措施得当。有控制工期的施工进度计划。应有施工总进度表或施工网络图,各项计划图表编制完善,安排科学合理,符合本项目施工实际要求
			确保文明施工的技术组织措施	针对本工程项目特点,应有现场文明施工、环境保护措施,且措施内容应达到《建筑施工安全生产检查标准》(JGJ 59—2011)合格标准并符合《××省建筑工程文明施工导则》要求。各项措施周全、具体、有效。有具体实现现场文明施工目标的承诺
			工程施工的重点和难点及保证措施	针对本工程的特点,阐述本工程的重点和难点,解决重点和难点问题的方法是否合理
			施工总平面布置图	应有施工总平面布置图,安排科学合理,符合本项目施工实际要求

2.2 详细评审
2.2.1 商务标评审

2.2.1	商务标评审	1.经评审的合理低价的确定方法 (1)有效报价范围：为投标总价低于或等于招标控制价，通过资格评审、形式性评审、响应性评审、项目管理机构及施工组织设计评审合格，经评标委员会审定不存在严重不平衡、不合理、不低于其企业成本的投标人投标总价。 (2)将有效报价范围内的投标人，按其投标报价由低到高的顺序依次排出名次。 (3)有效报价的投标人在10家以上的，从最高的投标报价开始去掉 n 家投标报价和从最低的投标报价开始去掉 n 家或 $n-1$ 家(有效报价范围内投标人家数为奇数时取 $n-1$ 家)投标报价后(当出现两个或两个以上相同投标报价时，一并去掉)，取10家(如不足10家，按实际家数计取)投标人报价进入经评审合理低价计算范围，再取其中的有效报价的算术平均值作为经评审的合理低价；有效报价的投标人在10家(含10家)以下的，将全部有效报价的算术平均值作为经评审的合理低价。$n=$(有效报价范围的投标人家数$-10)/2$，n 为四舍五入取整数。 2.商务标评分标准 (1)以等于经评审的合理低价的投标报价为最高分99分，采用内插法计算，投标人报价每高于经评审的合理低价1%的扣2分，每低于经评审的合理低价1%的扣1分，计算出投标人的投标报价得分。 (2)有效报价投标人的商务标得分=该投标人的投标报价得分

2.2.2 企业信誉实力标评审

2.2.2	企业信誉实力分评分标准【满分分值1分】	企业信誉实力得分的确定(联合体参与投标的，联合体的信誉实力分按联合体成员中信誉实力分最低的企业认定)： 企业信誉实力得分=根据实时公布的××省级诚信综合评价分(百分制)/100
投标人最终得分		投标人最终得分(满分100分)=该投标人的商务标得分+企业信誉实力得分

3.评标程序

3	详见本章附件A：评标详细程序
3.1.2	详见本章附件B：否决投标条件

注：①招标公告没有提出类似工程业绩要求的，资格评审时采用合格制，不得设置类似工程业绩要求。
②招标公告提出类似工程业绩要求的，资格评审时必须设置类似工程业绩要求，考核期同"投标人须知前附表"3.1.4。
③人员资格岗位、职称、业绩、奖项等评分须附相关有效证明材料的扫描件，相关证明材料未通过建筑业企业诚信信息库审核的(除在建项目以全国建筑市场监督公共服务平台为准外)，在评审时不予承认。
④经评审的合理低价法适用于1 000万元(含)以下项目，1 000万元~5 000万元(含)项目，业主可自行选择是否采用。"小型工程""中型工程"及"大型工程"的规模按《注册建造师管理规定》(建设部令第153号)编制的《注册建造师执业工程规模标准》(试行)文件划分。

评标办法(经评审的合理低价法)正文部分

1 评标方法

本次评标采用经评审的合理低价法。评标委员会对满足招标文件实质要求的投标文件,按照本章2.2条款进行评审,并按得分由高到低的顺序推荐中标候选人,或根据招标人授权直接确定中标人,但投标报价低于其成本的除外。经评审的商务标得分相等时,以投标报价低的优先;投标报价也相等的,以企业用于该工程投标的资质高的优先;企业用于该工程投标的资质也同等的,由评标委员会采用记名投票方式确定。

2 评审标准

2.1 初步评审标准

2.1.1 资格评审标准:见"评标办法前附表"。所有在投标截止时间前提交投标文件的投标人均有资格参加资格评审。

2.1.2 形式评审标准:见"评标办法前附表"。

2.1.3 响应性评审标准:见"评标办法前附表"。

2.1.4 项目管理机构及施工组织设计评审标准:见"评标办法前附表"。

2.2 详细评审标准

2.2.1 商务标评分标准:见"评标办法前附表"。

2.2.2 企业信誉实力分评分标准:见"评标办法前附表"。

3 评标程序

3.1 初步评审

3.1.1 评标委员会依据本章第2.1款规定的标准对投标文件进行初步评审。有一项不符合评审标准的,作否决投标处理。

3.1.2 投标人有以下情形之一的,其投标作否决投标处理:

(1)第二章"投标人须知"第1.4.3项规定的任何一种情形的;

(2)串通投标或弄虚作假或有其他违法行为的;

(3)不按评标委员会要求澄清、说明或补正的。

3.1.3 投标报价有算术错误的,评标委员会按以下原则对投标报价进行修正,修正的价格经投标人书面确认后具有约束力。投标人不接受修正价格的,其投标作否决投标处理。

(1)投标文件中的大写金额与小写金额不一致的,以大写金额为准;

(2)总价金额与依据单价计算出的结果不一致的,以单价金额为准修正总价,但单价金额小数点有明显错误的除外。

3.2 详细评审

3.2.1 评标委员会按本章第2.2.1款的规定进行技术标评审。

3.2.2 评标委员会按本章第2.2.2款的规定计算出投标人的商务标得分。

3.2.3 投标人最终得分(满分100分)=投标人的商务标得分+企业信誉实力得分。

3.2.4 所有过程评分分值计算保留小数点后四位,投标人最终得分保留小数点后两位,小数点后第三位"四舍五入"。

3.3 投标文件的澄清、说明和补正

3.3.1 在评标过程中,评标委员会可以书面形式要求投标人对所提交的投标文件中不明

确的内容进行书面澄清或说明,也可以要求投标人对细微偏差进行补正。澄清、说明和补正必须由评标委员会书面提出、投标人书面答复,否则无效。评标委员会不接受投标人主动提出的澄清、说明或补正。

3.3.2 澄清、说明和补正不得改变投标文件的实质性内容(算术性错误修正的除外)。投标人的书面澄清、说明和补正属于投标文件的组成部分。

3.3.3 评标委员会对投标人提交的澄清、说明或补正有疑问的,可以要求投标人进一步澄清、说明或补正,直至满足评标委员会的要求。

3.3.4 对投标文件进行澄清、说明和补正时来往的书面材料传递,必须由交易中心的工作人员进行。

3.4 评标结果

3.4.1 除第二章"投标人须知前附表"授权直接确定中标人外,评标委员会按照本章规定的顺序推荐中标候选人。

3.4.2 评标委员会完成评标后,应当向招标人提交书面评标报告。

3.4.3 评标委员会应将评标过程中使用的文件、表格以及其他材料即时归还招标人。招标人应当按照"投标人须知前附表"规定的封存方式封存评标资料。

五、工作评价与小结

(一)工作评价(表 2-12)

表 2-12 工作评价

评价项目		评价标准	自我评价	小组评价	教师评价
职业素养	工作态度 (10分)	积极主动承担工作任务的得 10 分;服从工作任务分配的得 6~8 分;对分配的工作任务有推诿现象的得 2~4 分;拒绝承担工作任务的得 0 分			
	团队协作 (10分)	有较强的团队合作意识,协助团队成员共同完成工作任务的得 10 分;有团队合作意识,能配合其他成员完成工作任务的得 6~8 分;完全没有团队意识的得 0 分			
	工作效率 (10分)	在要求的时间内完成工作任务的得 10 分;在要求的时间内完成 60%以上工作任务的得 6~8 分;在要求的时间内完成 40%以下工作任务的得 2~4 分			
	工作作风 (10分)	工作严肃认真细致,字迹工整,没有错别字,载明事项与项目相符,内容前后呼应的得 10 分;工作严肃认真,字迹工整,载明事项与项目有少量不符(3 处以内),有少量错别字(3 个以内)的得 6~8 分;工作认真,字迹较工整,载明事项与项目有部分不符(5 处以内),有错别字(10 个以内)的得 2~4 分;工作粗心,字迹潦草,工作存在较大失误的得 1 分			
	工作考勤 (10分)	不迟到、不早退、不缺勤得 10 分;迟到、早退一次扣 1 分,缺勤一次扣 2 分,扣完为止			

续表

评价项目		评价标准	自我评价	小组评价	教师评价
专业能力	专业技能（40分）	能够合理设定资格审查的评标因素和标准的得10分；能够合理设定形式性评审的评审因素和标准的得10分；能够合理设定响应性评审的评审因素和标准的得10分；能够合理设定项目管理机构及施工组织设计评审的评审因素和标准的得10分；所设置的评审因素和评审标准不符合规定或项目要求的，填错一处扣2分，扣完为止（本项得分为上述内容得分合计）			
	专业知识（5分）	能按任务目标中的要求全部了解、熟悉、掌握的得5分；了解、熟悉、掌握60%以上的得3分；了解、熟悉、掌握60%以下的得1分			
	沟通能力（5分）	能够耐心听取他人的意见和建议，并顺畅、清晰地表达自己的观点，能就某一事项与他人顺利达成共识的得5分；能顺畅、清晰地表达自己的观点，但不善于听取他人的意见和建议，与他人达成共识有一定困难的得2~3分；既不能耐心听取他人的意见和建议，也无法清晰地表达自己的观点，始终无法与他人达成共识的得1分			
合计（100分）					
得分					

注：①自我评价占30%，小组评价占30%，教师评价占40%。
②学生个人最终得分=自我评价×30%+小组评价×30%+教师评价×40%。

（二）工作小结

①《标准施工招标文件》（2007年版）中列出的评标办法有哪两种？请用自己的话写出两种评标办法的定义。

②评标办法中的主要内容有哪些？

③请写出形式性评审和响应性评审的评审因素一般有哪些？

④本部分的任务目标中,你认为还有哪些是你没有掌握的?

六、知识拓展

若本项目评标办法采用综合评估法,请按项目要求,完成下列评标办法前附表[本表按照《广西壮族自治区房屋建筑和市政工程施工招标文件范本》(2019年版)第三章评标办法(综合评估法)的内容所列]。

第三章 评标办法(综合评估法)
评标办法前附表

2.1 初步评审

2.1.1 资格评审

条款号	评审因素		评审标准
2.1.1	资格评审 (合格制)		合格标准:_____
		投标文件签署	有效的法定代表人身份证明(附身份证复印件)或法人授权委托书(附身份证复印件,授权代理时提供)
		营业执照	
		财务状况	
		诚信	
		专职安全员	
		投标保证金	
		其他要求	

2.1.2 形式评审

条款号	评审因素	评审标准	
2.1.2	形式评审	合格标准：_____	
		投标函签字盖章	
		投标文件格式	
		报价唯一	
		投标人名称	

2.1.3 响应性评审

条款号	评审因素	评审标准	
2.1.3	响应性评审	合格标准：_____	
		投标内容	
		工　期	
		工程质量	
		投标有效期	
		权利义务	投标函附录中的相关承诺符合或优于第四章"合同条款及格式"的相关规定
		技术标准和要求	符合第七章"技术标准和要求"规定
		投标价格	
		分包计划	符合第二章"投标人须知"第 1.11 款规定
		已标价工程量清单	符合第五章"工程量清单"给出的范围及数量，按《××市建筑工程安全防护、文明施工措施费计取及使用管理暂行办法》第二十条规定，施工单位在投标报价时，未按本暂行办法规定计取费率低于本暂行办法规定标准的，不得推荐为中标候选人
		投标保证金	符合第二章"投标人须知"第 3.4.1 项规定

2.2 详细评审
2.2.1 分值构成

条款号	条款内容	编列内容
2.2	详细评审	通过资格审查的合格投标人，只有通过了形式评审和响应性评审，才能进入详细评审程序

续表

条款号	条款内容	编列内容
2.2.1	分值构成	分值权重构成（100%） (1)技术标分值权重：_____（20%或30%） (2)商务标分值权重：_____（80%或70%） 商务标分值权重＝企业信誉实力分分值权重＋报价分分值权重 先由招标人在开标现场随机抽取确定企业信誉实力分分值权重后，报价分分值权重＝ 商务标分值权重－企业信誉实力分分值权重 企业信誉实力分分值权重按6%~10%计入投标总分，具体按工程规模大小随机抽取。原则中型工程从6%、7%、8%中抽取一个，大型工程从取8%、9%、10%中抽取一个，以随机抽取的比例乘以根据《××省建筑企业诚信综合评价办法》(试行)评价得到的企业诚信综合评价分计入投标总分 【例如：已经确定技术标分值权重为30%，则商务标分值权重应为70%，若在开标现场随机抽取的中型工程企业信誉实力分分值权重为7%，则报价分分值权重应为63%】

2.2.2　评分标准

条款号	条款内容	评审标准		
2.2.2(1)	技术标评分标准（满分分值权重□20%□30%）	合格标准： 技术标加权得分＝(项目管理机构得分＋施工组织设计得分)×技术标分值权重 技术标得分低于技术标满分的60%的，技术标评审不合格		
		项目管理机构（20分）	项目经理任职资格与业绩、工作经历等（10分）	1.项目经理建造师资质(3分) 具有(_____专业)一级注册建造师资质证书，得3分；具有(_____专业)二级注册建造师资质证书，得1分。 2.项目经理职称(3分) 具有高级工程师职称得3分；具有中级工程师职称得2分；具有初级职称得1分。 3.项目经理考核期内承担类似工程项目业绩(3分)：项目经理考核期(三年)内承担类似工程项目并验收合格的，每个项目得1分，满分3分。 4.项目经理考核期内获奖情况(1分)：项目经理考核期(三年)内担任项目经理的项目获地市级以上优秀质量奖或安全文明工地奖的，每个得1分，满分1分

续表

条款号	条款内容	评审标准		
2.2.2(1)	技术标评分标准（满分分值权重 □20% □30%）	合格标准： 技术标加权得分=(项目管理机构得分+施工组织设计得分)×技术标分值权重 技术标得分低于技术标满分的60%的，技术标评审不合格		
		项目管理机构（20分）	其他主要人员（10分）	1.技术负责人职称及业绩(3分) 拟投入技术负责人具备高级职称的得2分，具备中级职称的得1分。技术负责人考核期（三年）内承担类似工程项目并验收合格的每个得1分，满分1分。 2.本工程管理人员配备(5分) 投标人按"投标人须知"第1.4.1项要求配备项目管理人员的，得2分，拟投入管理人员数每增加1人（需满足相应资质要求的规定），加1分。 3.专业配套(2分) 拟投入本工程管理人员专业包含有建筑、安装、设备、工程造价专业，每个得0.5分（以职称证或学历证或执业资格证专业为准）
		施工组织设计（80分）	总体概述（0～10分）	优(10分)：对项目总体有深刻认识，表达清晰、完整、严谨、合理，措施先进、具体、有效、成熟；施工段划分清晰、合理，符合规范要求。 良(8分)：对项目总体有一定认识，表达清晰、完整，措施具体有效；施工段划分清晰，符合规范要求。 中(6分)：对项目总体有认识，有一定的措施但部分不具体；施工段划分较合理，符合规范要求。 差(4分)：对项目认识不足，表达不清晰，措施不具体；施工段划分不合理
			主要施工方法（0～10分）	优(10分)：各主要分部施工方法符合项目实际，有详尽的施工技术方案，工艺先进、方法科学合理、可行，能指导具体施工并确保安全； 良(8分)：各主要分部施工方法符合项目实际，有较详尽的施工技术方案，工艺较好、方法科学合理、可行，能指导具体施工并确保安全； 中(6分)：各主要分部施工方法能满足项目需求，有施工技术方案，能指导具体施工并确保安全； 差(4分)：各主要分部施工方法不能满足项目需求，没有施工技术方案，不能指导具体施工并确保安全

续表

条款号	条款内容		评审标准
2.2.2(1)	技术标评分标准（满分分值权重 □20% □30%）	施工组织设计（80分）	拟投入的主要物资、机械设备计划及劳动力安排(0~10分)： 优(10分)：投入计划与进度计划呼应，较好满足施工需要，调配投入计划合理、准确。 良(8分)：投入计划与进度计划呼应，基本满足施工需要，调配投入计划基本合理、准确。 中(6分)：投入计划与进度计划呼应，基本满足施工需要，调配投入计划基本合理。 差(4分)：投入计划与进度计划不呼应，不能满足施工需要
			关键施工技术、工艺及工程实施的重点、难点和解决方案(0~10分)： 优(10分)：对项目关键技术、工艺有深入的表达，对重点、难点有先进合理的施工措施并有可行的安全措施，解决方案完整、经济、安全、切实可行，措施得力。 良(8分)：对项目关键技术、工艺有深入的表达，对重点、难点有合理的建议，解决方案经济、安全、基本可行。 中(6分)：对项目关键技术有一定了解，对重点、难点有建议，解决方案基本可行。 差(4分)：对项目关键技术有表述，对重点、难点有建议，解决方案不可行
			确保安全生产的技术组织措施(0~10分)： 优(10分)：针对项目实际情况，有先进、具体、完整、可行的实施措施，采用规范正确、清晰。 良(8分)：针对项目实际情况，有合理的措施且具体、完整，采用规范正确。 中(6分)：有基本合理的措施，采用规范正确。 差(4分)：安全文明措施不得力，采用规范不正确
			施工进度、施工进度计划和各阶段进度的保证措施(0~10分)： 优(10分)：关键线路清晰、准确、完整，计划编制合理、可行，关键节点的控制措施有力、合理、可行。 良(8分)：关键线路清晰、准确、完整，计划编制可行，关键节点的控制措施合理、可行。 中(6分)：关键线路基本准确，计划编制合理，关键节点的控制措施基本可行。 差(4分)：关键线路不准确，计划编制不合理，关键节点的控制不可行
			质量保证与承诺(0~5分)： 优(5分)：针对项目实际提出先进、可行、具体的保证措施，超过招标文件的质量要求及施工验收规范要求。 良(4分)：针对项目实际提出先进、可行、具体的保证措施，满足招标文件的质量要求。 中(3分)：具体措施可行，满足招标文件的质量要求。 差(1分)：措施不可行

续表

条款号	条款内容	评审标准		
2.2.2(1)	技术标评分标准（满分分值权重 □20% □30%）	施工组织设计（80分）	新技术应用与承诺（0~5分）	优(5分)：针对项目实际，提出采用新技术的具体措施。新技术的验证材料可靠，对节约投资和工期的保证措施得力、具体、严谨。对采用新技术可能产生的风险预见充分，对新技术的实施有安全生产的可靠方案。 良(4分)：针对项目实际，提出采用新技术的具体措施。新技术的验证材料可靠，对节约投资和工期有保证措施。对采用新技术可能产生的风险有一定的预见。 中(3分)：有新技术措施，但验证材料不充分，对节约投资和工期可能有一定收益，对采用新技术可能产生的风险预见不足。 差(1分)：采用的新技术针对性不强或验证材料不可靠，对节约投资和工期没有具体收益
			施工平面布置和临时设施布置（0~10分）	优(10分)：总体布置有针对性、合理，较好满足施工需要，符合安全、文明生产要求。 良(8分)：总体布置合理，能满足施工需要，基本符合安全、文明生产要求。 中(6分)：总体布置基本合理，基本满足施工需要。 差(4分)：总体布置不合理，不符合安全、文明生产要求
2.2.2(2)	评标基准价计算	评标基准价的确定方法【备注：选择以下其中一种方法】 (1)有效报价范围：为通过资格评审、形式评审、响应性评审、技术标评审合格、投标总价低于或等于招标控制价的报价。 (2)将有效报价范围内的投标总价，按由低到高的顺序依次排出名次。 (3)通过资格审查且报价有效的合格投标人在10家以上的，去掉 n 家最高投标报价和 n 家（如总数为奇数，则取 $n-1$ 家）最低投标报价后（当出现两个或两个以上相同最高或最低投标报价时，一并去掉），取10家（如不足10家，按实际最多家数计取）投标人报价进入基准评标价计算范围，再取其中的有效报价的平均值作为评标基准价；通过资格审查合格且报价有效的合格投标人在10家（含10家）以下的，将在有效报价范围内的全部合格投标人有效投标报价的算术平均值作为评标基准价		
2.2.2(3)	报价分评分标准（报价分分值权重 = 商务标分值权重 − 企业信誉实力分分值权重）	报价分评分标准 (1)以等于评标基准价的投标报价为满分100分，采用内插法计算，投标人投标总价每高于评标基准价1%的扣1.5分，每低于评标基准价1%的扣1分，计算出投标人的投标总价得分。 (2)报价分加权得分=该投标人的投标总价得分（满分100分）×报价分分值权重		

续表

条款号	条款内容	评审标准
2.2.2(4)	企业信誉实力分评分标准 【满分分值权重□中型工程（6%或7%或8%） □大型工程（8%或9%或10%）】 【备注：招标项目如为国有投资（含国有投资占主导或控股地位）项目则须计入此分，其他工程由招标人自行决定是否参照执行。】	企业信誉实力得分的确定（联合体参与投标的，联合体的信誉实力分按联合体成员中信誉实力分最低的企业认定）： 企业信誉实力加权得分=根据实时公布的××省级诚信综合评价分（百分制）×____%（取70%~100%）×企业信誉实力分分值权重+根据实时公布的设区市级诚信综合评价分（百分制）×____%（取0%~30%）×企业信誉实力分分值权重 【备注：自治区级诚信综合评价分占比与设区市级诚信综合评价分占比之和为100%，具体权重由各设区市在比例范围内在发出招标文件前自行决定，把确定后的比例填入招标文件内】 注：××省级诚信综合评价分由评委在××省建筑市场监管与诚信信息一体化平台的诚信分公示栏目中查询。 设区市级诚信综合评价分_____
	投标人汇总得分 （满分100分）	商务标得分= 报价分加权得分 + 企业信誉实力加权得分 投标人汇总得分= 技术标加权得分 + 商务标得分

项目三　建设工程施工招标

任务一　项目入场备案及招标文件备案

一、任务目标

(一)目标分析(表3-1)

表3-1　目标分析

知识与技能目标	①了解建设工程交易中心及其基本功能； ②了解招标文件备案的要求； ③了解电子招标投标交易平台； ④能完成项目入场备案及招标文件备案工作
过程与方法目标	在完成实际项目工作任务的情境下,模拟招标人(招标代理)的工作过程,通过独立思考、自主学习、小组合作学习等方式,完成相关学习任务,最后完成工作任务
情感与态度目标	①积极思考,培养自主学习的意识； ②培养团队协作能力； ③养成认真细致、务实严谨的工作作风； ④提高沟通能力

(二)工作任务描述

①按要求填写招标项目入场备案表、招标文件备案表,完成招标项目入场登记工作。
②根据开标室使用情况,按要求填写开标场地预约表,确定开标时间及开标室。

二、工作准备

（一）工作组织

分小组完成工作任务，由小组长分配学习任务，组员根据分配到的任务，通过回顾所学知识、资料查询、实地走访等方式，完成学习任务；组内分享讨论，将自己了解的知识分享给其他组员，共同完成工作任务。

（二）资料准备

项目概况资料、已编制完成的招标文件、工程量清单、图纸、招标控制价。

（三）知识准备

根据小组长分配的学习任务，完成"三、学习内容"的学习。

三、学习内容

（一）建设工程交易中心

1. 建设工程交易中心

建设工程交易中心是经政府主管部门批准的，为建设工程交易活动提供服务的场所。它不是政府管理部门，也不是政府授权的监督机构，本身并不具备监督管理职能。

按照我国有关规定，对于全部使用国有资金投资，以及国有资金投资占控股或主导地位的房屋建筑工程项目和市政工程项目，必须在建设工程交易中心内报建、发布招标信息、授予合同、申领施工许可证。招投标活动都需在场内进行，并接受政府有关管理部门的监督。

建设工程交易中具有信息服务、场所服务、集中办公三大功能。

2. 公共资源交易中心

2015年，《国务院办公厅关于印发整合建立统一的公共资源交易平台工作方案的通知》（国办发〔2015〕63号），要求整合工程建设项目招标投标、土地使用权和矿业权出让、国有产权交易、政府采购等交易市场，建立统一的公共资源交易平台。

政府推动建立统一规范的公共资源交易平台，坚持市场公共服务的职能定位，充分利用电子招标投标系统等公共资源交易信息互联共享平台及其大数据分析，推进公共资源交易服务和监督体制机制创新，利用电子信息方式规范履行行政监督行为并向事中和事后监督方式转变。

（二）招标文件备案

《房屋建筑和市政基础设施工程施工招标投标管理办法》第十八条规定，依法必须进行施工招标的工程，招标人应当在招标文件发出的同时，将招标文件报工程所在地的县级以上地方人民政府建设行政主管部门备案，但实施电子招标投标的项目除外。建设行政主管部门发现招标文件有违反法律、法规内容的，应当责令招标人改正。

（三）电子招标投标交易平台

运用互联网技术生成、传输、发布和存储信息具有广泛、快捷、经济、留痕、可透明、可共享、可追溯等特点,这与招标投标活动应当遵守公开、公平、公正和诚实信用的原则,打破地区和行业封锁,依法规范市场竞争秩序的要求高度契合。

2013年5月,国家发展和改革委员会会同有关部门制定了《电子招标投标办法》及其技术规范。目前,各地方政府主导建立的公共资源交易中心或者建设工程交易中心都会自行建设运营交易平台,依法必须进行招标的项目的电子招标投标必须使用交易中心自行建设运营的电子交易平台。招标人、招标代理机构、投标人均应当按照有关规定通过电子交易平台入口客户端免费进行实名注册登记,产生唯一的主体和项目身份注册编码,绑定CA证书。

例如,图3-1和图3-2分别为桂林市公共资源交易平台登录界面与注册办理流程,图3-3为广西公共资源交易平台招标代理界面。

图3-1 桂林市公共资源交易平台登录界面

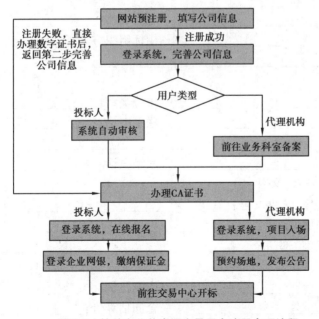

图3-2 桂林市公共资源交易平台注册办理流程

图 3-3　广西公共资源交易平台招标代理界面

四、工作过程

(一) 根据×××学校实训大楼项目的概况,进行建设工程交易中心项目入场登记

1. 项目基本信息

项目编号：_____　　项目名称：_____

项目交易分类：_____　　招标组织方式：_____

行政监督部门：_____

2. 招标人信息

招标人名称：_____　　单位类型：_____

联系人：_____　　联系电话：_____

招标代理机构：_____

项目负责人：_____　　联系电话：_____

3. 项目审批(核准/备案)文件

项目审批(核准/备案)文件文号：_____

项目审批(核准/备案)文件名称：_____

项目审批(核准/备案)部门：_____

4. 投资信息

资金来源：_____　　出资比例：_____

项目总投资：_____　　合同估算价：_____

5. 项目其他信息

建筑面积：_____

建设规模：_____
其他信息：_____
6.项目招标信息
招标范围：_____
招标方式：_____

(二)招标文件备案

招标文件备案登记表

文件名称：_____
发售时间：_____
投标有效期：_____

（以下由招标文件备案机构填写）

条款号	原条款	修改后条款
备案意见		
招标备案	招标备案机构：_____ 经办人：　　　　审核人：　　　　负责人： 　　　　　　　　　　　　　　　　　　年　月　日	

五、工作评价与小结

(一) 工作评价（表3-2）

表3-2　工作评价

评价项目		评价标准	自我评价	小组评价	教师评价
职业素养	工作态度（10分）	积极主动承担工作任务的得10分；对分配的工作任务有推诿现象的得6~8分；拒绝承担工作任务的得0分			
	团队协作（10分）	有较强的团队合作意识，服从小组长任务分配，并能协助团队成员共同完成工作任务的得10分；有团队合作意识，服从小组长任务分配，能配合其他成员完成工作任务的得6~8分；完全没有团队意识，不服从任务分配的得0分			
	工作效率（10分）	在要求的时间内完成工作任务的得10分；在要求的时间内完成工作任务60%以上的得6~8分；在要求的时间内完成工作任务40%以下的得2~4分			

续表

评价项目		评价标准	自我评价	小组评价	教师评价
职业素养	工作作风（10分）	工作严肃认真细致，字迹清晰工整，辨认无误的得10分；工作严肃认真，字迹清晰，辨认无误，但存在少量错误（0~5处）的得6~8分；工作粗心，字迹潦草，辨认不清，存在较多错误（5处以上）的得2~4分			
	工作考勤（10分）	工作不迟到、不早退、不缺勤得10分；迟到、早退一次扣1分，缺勤一次扣2分，扣完为止			
专业能力	专业技能（40分）	能够正确填写项目入场登记信息的得30分，每错一处扣1分，扣完为止；能够完成招标文件备案工作的得10分（本项得分为上述内容得分合计）			
	专业知识（5分）	能按任务目标中的要求全部了解、熟悉、掌握的得5分；了解、熟悉、掌握60%以上的得3分；了解、熟悉、掌握60%以下的得1分			
	沟通能力（5分）	能够耐心听取他人的意见和建议，并顺畅、清晰地表达自己的观点，能就某一事项与他人顺利达成共识的得5分；能顺畅、清晰地表达自己的观点，但不善于听取他人的意见和建议，与他人达成共识有一定困难的得2~3分；既不能耐心听取他人的意见和建议，也无法清晰地表达自己的观点，始终无法与他人达成共识的得1分			
		合计（100分）			
		得分			

注：①自我评价占30%，小组评价占30%，教师评价占40%。

②学生个人最终得分＝自我评价×30%＋小组评价×30%＋教师评价×40%。

（二）工作小结

①请总结招标项目入场登记需要登记项目的哪些信息？

②请说说招标文件备案有哪些要求？

③本部分的任务目标中，你认为还有哪些是你没有掌握的？

任务二　招标控制价备案及公布

一、任务目标

(一)目标分析(表 3-3)

表 3-3　目标分析

知识与技能目标	①熟悉招标控制价编制、备案的相关规定； ②能根据招标控制价文件,正确填写招标控制价备案登记表； ③能根据招标控制价文件,正确填写招标控制价公布文件
过程与方法目标	在完成实际项目工作任务的情境下,模拟招标人(招标代理)的工作过程,通过独立思考、自主学习、小组合作学习等方式,在教师的指导下,完成工作任务
情感与态度目标	①积极思考,培养自主学习的意识； ②培养团队协作的能力； ③养成认真细致、务实严谨的工作作风

(二)工作任务描述
①正确填写招标控制价备案登记表。
②正确填写招标控制价公布文件。

二、工作准备

(一)工作组织
分小组完成工作任务,由小组长分配学习任务,组员根据分配到的任务,通过回顾所学知识、资料查询等方式,完成学习任务；组内分享讨论,将自己了解的知识分享给其他组员,共同完成工作任务。

(二)资料准备
×××学校实训大楼招标控制价文件。

(三)工具准备
计算机(或手机)、笔、纸、计算器。

三、学习内容

(一)招标控制价
招标控制价是招标人根据国家或省级、行业建设主管部门颁发的有关计价依据和办法,以及拟订的招标文件和招标工程量清单,结合工程具体情况编制的招标工程的最高投标限价。

《建设工程工程量清单计价规范》(GB 50500—2013)规定：

①国有资金投资的建设工程招标,招标人必须编制招标控制价。

②招标控制价应由具有编制能力的招标人或受其委托具有相应资质的工程造价咨询人编制和复核。

③工程造价咨询人接受招标人委托编制招标控制价,不得再就同一工程接受投标人委托编制投标报价。

④招标控制价应按照有关规定编制,不应上调或下浮。

⑤当招标控制价超过批准的概算时,招标人应将其报原概算审批部门审核。

⑥措施项目中的安全文明施工费必须按国家或省级、行业建设主管部门的规定计算,不得作为竞争性费用。

⑦规费和税金必须按国家或省级、行业建设主管部门的规定计算,不得作为竞争性费用。

⑧招标人应在发布招标文件时公布招标控制价,同时应将招标控制价及有关资料报送工程所在地或有该工程管辖权的行业管理部门工程造价管理机构备查。

⑨投标人经复核认为招标人公布的招标控制价未按照本规范的规定进行编制的,应在招标控制价公布后5天内向招投标监督机构和工程造价管理机构投诉。

⑩工程造价管理机构在接到投诉书后应在2个工作日内进行审查,对有下列情况之一的,不予受理：

a.投诉人不是所投诉招标工程招标文件的收受人；

b.投诉书提交的时间不符合规定的；

c.投诉书不符合规定的；

d.投诉事项已进入行政复议或行政诉讼程序的。

⑪工程造价管理机构应当在受理投诉的10天内完成复查,特殊情况下可适当延长,并作出书面结论通知投诉人、被投诉人及负责该工程招投标监督的招投标管理机构。

⑫当招标控制价复查结论与原公布的招标控制价误差大于±3%时,应当责成招标人改正。

⑬招标人根据招标控制价复查结论需要重新公布招标控制价的,其最终公布的时间至招标文件要求提交投标文件截止时间不足15天的,应相应延长投标文件的截止时间。

（二）招标控制价的主要内容

①分部分项工程项目和单价措施项目费。

②总价措施项目费。

③其他项目费。

④规费。

⑤增值税。

（三）招标控制价成果文件报送(以广西壮族自治区为例)

根据《关于做好我区建设工程造价成果文件报送工作的通知》(桂建价〔2011〕1号)及《广西壮族自治区建设工程造价成果文件报送工作实施细则》的规定,建设工程造价成果文件是指建设工程招标控制价、合同价、竣工结算价的成果文件(含电子文档)。

　　建设工程造价成果文件报送主要采用网上电子报送的形式。建设单位应按规定登录成果文件报送系统填写登记表并进行网上报送，完成报送工作后，打印登记表，送工程所在地建设工程造价管理机构签收。经建设工程造价管理机构签收确认的招标控制价(或工程合理招标价)方可对外公布。建设工程造价成果文件报送流程如图3-4所示。

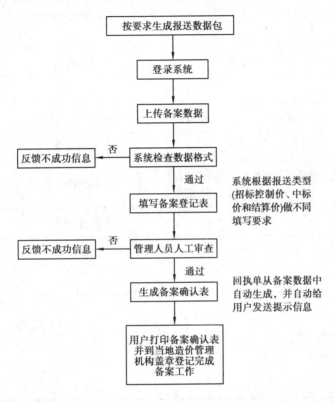

图3-4　建设工程造价成果文件报送流程

四、工作过程

(一)通过网络查询、电话咨询等方式，了解本地区招标控制价备案的要求

(1)招标控制价备案的时间为_____。

(2)招标控制价备案文件的报送单位为_____。

(3)当地招标控制价备案的管理机构为_____。

(二)请根据×××学校实训大楼项目招标控制价文件，填写建设工程招标控制价成果文件登记表(表3-4)

表 3-4　建设工程招标控制价成果文件登记表

桂建(招标)价＿＿＿＿第[　　　　]号

建设单位 (盖章)		建设单位 法定代表人	
工程造价咨询 机构或造价 代理机构(盖章)		资质等级及证号	
报送日期	经办人	联系电话	
工程名称			
投资性质	□国有　　□非国有	国有资金所占比例	％
工程地点		工期要求	＿＿＿日历天
招标范围	经评审备案的施工图范围内的施工内容,详见工程量清单	工程计价方式	清单计价
编制人员		资格证号	
审核人员		资格证号	
招标控制价/万元			
工程所在地建设工程 造价管理站签收		经办人(签字): 　　年　月　日(公章)	

招标编号:＿＿＿＿＿＿＿

(三)请根据×××学校实训大楼项目招标控制价文件,填写招标控制价公布文件

＿＿＿＿＿＿＿＿＿＿工程施工招标(招标备案编号:＿＿＿＿＿)
招标控制价(最高投标限价)公布

根据《建设工程工程量清单计价规范》(GB 50500—2013)和《〈建设工程工程量清单计价规范〉(GB 50500—2013)广西壮族自治区实施细则》的规定:

本工程预算经＿＿＿＿＿＿＿审核,工程预算总造价为＿＿＿＿＿元(其中:预算价＿＿＿＿＿元,安全防护、文明施工措施费＿＿＿＿＿元,规费＿＿＿＿＿元(其中:社会保险费＿＿＿＿＿元,其他＿＿＿＿＿元),增值税＿＿＿＿＿元)。

本工程最高投标限价为＿＿＿＿＿元(不含安全防护、文明施工措施费＿＿＿＿＿元,规费＿＿＿＿＿元(其中:社会保险费＿＿＿＿＿元,其他＿＿＿＿＿元),增值税＿＿＿＿＿元)。

投标人的投标报价(不含安全防护、文明施工措施费、规费、税金)高于本工程最高投标限价为无效投标。安全防护、文明施工措施费、规费、税金均作为不可竞争费用单列。扬尘防治

费在投标报价建安费之外单列。

现按桂造价〔2011〕6号文件规定备案,予以公布,请投标人复核。投标人经复核认为招标人公布的招标控制价(最高投标限价)未按照本细则的规定编制的,应在开标前5天向招投标监督机构或(和)工程造价管理机构投诉。招投标监督机构应会同工程造价管理机构对投诉进行处理,发现有错误的,应责成招标人修改。

备注:如发出的工程量清单带◆号的重要子项与招标控制价公布的不符,则以招标控制价公布为准。

附:主要项目清单综合单价

招标人:　　　　　　　　　　　　　(盖单位法人章)

招标代理机构:　　　　　　　　　　(盖单位法人章)

　　　　　　　　　　　　　　　　　　　年　月　日

招标备案机构:

经办人:

审核人:

负责人:

五、工作评价与小结

(一)工作评价(表3-5)

表3-5　工作评价

评价项目		评价标准	自我评价	小组评价	教师评价
职业素养	工作态度（10分）	积极主动承担工作任务的得10分;对分配的工作任务有推诿现象的得6~8分;拒绝承担工作任务的得0分			
	团队协作（10分）	有较强的团队合作意识,服从小组长任务分配,并能协助团队成员共同完成工作任务的得10分;有团队合作意识,服从小组长任务分配,能配合其他成员完成工作任务的得6~8分;完全没有团队意识,不服从任务分配的得0分			
	工作效率（10分）	在要求的时间内完成工作任务的得10分;在要求的时间内完成工作任务60%以上的得6~8分;在要求的时间内完成工作任务40%以下的得2~4分			

续表

评价项目		评价标准	自我评价	小组评价	教师评价
职业素养	工作作风（10分）	工作严肃认真细致,字迹清晰工整,辨认无误的得10分;工作严肃认真,字迹清晰,辨认无误,但存在少量错误（0~5处）的得6~8分;工作粗心,字迹潦草,辨认不清,存在较多错误（5处以上）的得2~4分			
	工作考勤（10分）	工作不迟到、不早退、不缺勤得10分;迟到、早退一次扣1分,缺勤一次扣2分,扣完为止			
专业能力	专业技能（40分）	能够正确填写招标控制价备案登记表的得20分,每错一处扣1分,扣完为止;能够根据招标控制价文件,正确填写招标控制价公布文件的得20分,每错一处扣1分,扣完为止（本项得分为上述内容得分合计）			
	专业知识（5分）	能按任务目标中的要求全部了解、熟悉、掌握的得5分;了解、熟悉、掌握60%以上的得3分;了解、熟悉、掌握60%以下的得1分			
	沟通能力（5分）	能够耐心听取他人的意见和建议,并顺畅、清晰地表达自己的观点,能就某一事项与他人顺利达成共识的得5分;能顺畅、清晰地表达自己的观点,但不善于听取他人的意见和建议,与他人达成共识有一定困难的得2~3分;既不能耐心听取他人的意见和建议,也无法清晰地表达自己的观点,始终无法与他人达成共识的得1分			
		合计（100分）			
		得分			

注：①自我评价占30%,小组评价占30%,教师评价占40%。
②学生个人最终得分=自我评价×30%+小组评价×30%+教师评价×40%。

（二）工作小结

①请写出招标控制价备案的流程。

②招标控制价应由哪个单位负责编制？由哪个单位负责报送备案？

③本部分的任务目标中,你认为还有哪些是你没有掌握的？

任务三　招标文件的澄清或修改

一、任务目标

(一)目标分析(表3-6)

表3-6　目标分析

知识与技能目标	①熟悉招标文件澄清或修改的相关规定； ②能根据项目要求,编制招标文件的澄清或修改公告
过程与方法目标	在完成实际项目工作任务的情境下,模拟招标人(招标代理)的工作过程,通过独立思考、自主学习、小组合作学习等方式,在教师的指导下,完成招标文件澄清或修改工作
情感与态度目标	①积极思考,培养自主学习的意识； ②培养团队协作能力； ③养成认真细致、务实严谨的工作作风

(二)工作任务描述

根据项目案例,招标过程中发生的事件一、事件二,编制招标文件澄清或修改公告。

二、工作准备

(一)工作组织

分小组完成工作任务,由小组长分配工作及学习任务,组员根据分配到的任务,通过回顾所学知识、资料查询等方式,完成学习任务；组内分享讨论,将自己了解的知识分享给其他组员,共同完成工作任务。

(二)工作准备

认真阅读项目案例中事件一、事件二的内容。

(三)知识准备

完成"三、学习内容"的学习。

三、学习内容

(一)招标文件澄清或修改的法律规定

《招标投标法实施条例》第二十一条规定,招标人可以对已发出的资格预审文件或者招标文件进行必要的澄清或者修改。澄清或者修改的内容可能影响资格预审申请文件或者投标文件编制的,招标人应当在提交资格预审申请文件截止时间至少3日前,或者投标截止时间至少15日前,以书面形式通知所有获取资格预审文件或者招标文件的潜在投标人;不足3日或者15日的,招标人应当顺延提交资格预审申请文件或者投标文件的截止时间。

(二)招标文件澄清或修改的程序

1.招标人主动对招标文件进行澄清或修改

招标人主动对招标文件进行澄清或修改的流程如图3-5所示。

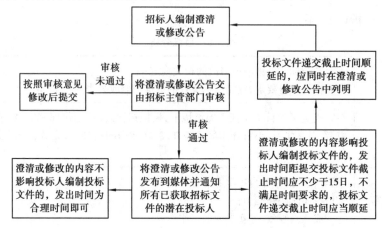

图3-5 招标人主动对招标文件进行澄清或修改流程

2.投标人对招标文件提出异议要求招标人做出澄清

投标人对招标文件提出异议要求招标人做出澄清或修改的流程如图3-6所示。

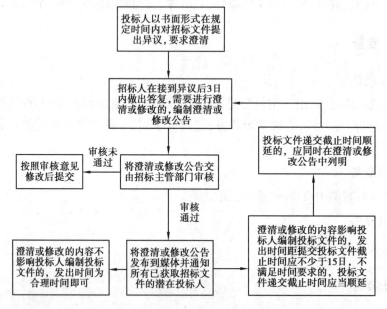

图3-6 投标人对招标文件提出异议要求招标人做出澄清或修改流程

四、工作过程

(一)阅读项目案例中的事件一、事件二,查阅《招标投标法》《招标投标法实施条例》的规定,回答下列问题

①事件一中,投标人提出异议的时间及方式是否符合法律的规定?

②事件一中,招标人对工程量清单及招标控制价做出的修改是否影响投标人编制投标文件?

③招标人对招标文件发出的澄清或修改,如果会影响投标人编制投标文件的,发出时间应符合什么样的规定? 如不符合规定,应当怎样处理?

④事件二中,开标地点和时间的改变是否会影响投标人编制投标文件?

(二)请根据事件一的内容,编写一份招标文件的澄清或修改公告,要求公告内容完整,描述简洁、清晰

关于_____的澄清或修改公告

各投标人:
一、项目名称:
二、项目编号:
三、项目首次公告时间:
四、澄清或修改内容:

招标人:_____
招标代理机构:_____
日期:_____年___月___日

（三）请根据事件二的内容，编写一份招标文件的澄清或修改公告，要求公告内容完整，描述简洁、清晰

关于_____的澄清或修改公告

各投标人：
一、项目名称：
二、项目编号：
三、项目首次公告时间：
四、澄清或修改内容：

招标人：_____
招标代理机构：_____
日期：_____年____月____日

五、工作评价与小结

（一）工作评价（表 3-7）

表 3-7 　工作评价

评价项目		评价标准	自我评价	小组评价	教师评价
职业素养	工作态度（10分）	积极主动承担工作任务的得 10 分；对分配的工作任务有推诿现象的得 6~8 分；拒绝承担工作任务的得 0 分			
	团队协作（10分）	有较强的团队合作意识，服从小组长任务分配，并能协助团队成员共同完成工作任务的得 10 分；有团队合作意识，服从小组长任务分配，能配合其他成员完成工作任务的得 6~8 分；完全没有团队意识，不服从任务分配的得 0 分			
	工作效率（10分）	在要求的时间内完成工作任务的得 10 分；在要求的时间内完成工作任务 60% 以上的得 6~8 分；在要求的时间内完成工作任务 40% 以下的得 2~4 分			
	工作作风（10分）	工作严肃认真细致，字迹清晰工整，辨认无误的得 10 分；工作严肃认真，字迹清晰，辨认无误，但存在少量错误(0~5 处)的得 6~8 分；工作粗心，字迹潦草，辨认不清，存在较多错误(5 处以上)的得 2~4 分			
	工作考勤（10分）	工作不迟到、不早退、不缺勤得 10 分；迟到、早退一次扣 1 分，缺勤一次扣 2 分，扣完为止			

续表

评价项目		评价标准	自我评价	小组评价	教师评价
专业能力	专业技能（40分）	能够按要求完成事件一的招标文件澄清或修改公告的得20分;能够按要求完成事件二的招标文件澄清或修改公告的得20分。公告内容要求完整、清晰、简洁、语句通顺、没有错别字,有错别字的,一个扣0.5分,公告内容不符合其他要求的,每个失误点扣2分,每个内容最高扣15分。本项得分为两个公告得分的合计值			
	专业知识（5分）	能按任务目标中的要求全部了解、熟悉、掌握的得5分;了解、熟悉、掌握60%以上的得3分;了解、熟悉、掌握60%以下的得1分			
	沟通能力（5分）	能够耐心听取他人的意见和建议,并顺畅、清晰地表达自己的观点,能就某一事项与他人顺利达成共识的得5分;能顺畅、清晰地表达自己的观点,但不善于听取他人的意见和建议,与他人达成共识有一定困难的得2~3分;既不能耐心听取他人的意见和建议,也无法清晰地表达自己的观点,始终无法与他人达成共识的得1分			
合计(100分)					
得分					

注:①自我评价占30%,小组评价占30%,教师评价占40%。
②学生个人最终得分＝自我评价×30%+小组评价×30%+教师评价×40%。

(二)工作小结

①请写出关于招标文件澄清或修改的时间规定。

②澄清或修改公告中应写明哪些内容?

③本部分的任务目标中,你认为还有哪些是你没有掌握的?

项目四　建设工程施工项目投标

任务一　建设工程施工项目投标准备

一、任务目标

(一)目标分析(表 4-1)

表 4-1　目标分析

知识与技能目标	①了解获取招标信息的途径； ②了解投标分析的内容； ③能根据招标公告的要求,确定本企业是否能够参与投标竞争
过程与方法目标	模拟投标人的工作过程,通过网络自主学习、小组合作学习的方式,学习相关知识,完成工作任务
情感与态度目标	①积极思考,培养自主学习的意识； ②培养团队协作的能力； ③养成认真细致、务实严谨的工作作风

(二)工作任务描述

根据招标公告的信息,建立并完善投标人信息,建立投标团队。

二、工作准备

(一)工作组织

分小组完成工作任务,由小组长分配学习任务,组员根据分配到的任务,通过回顾所学知识、资料查询、实地走访等方式,完成学习任务；组内分享讨论,将自己了解的知识分享给其他组员,共同完成工作任务。

（二）资料准备

×××学校实训大楼施工招标项目招标公告。

（三）工具准备

准备计算机（连接网络）、手机、纸、笔等。

（四）知识准备

完成"三、学习内容"的学习。

三、学习内容

投标是指投标人应招标人的邀请，按照招标文件的要求提交投标文件参与投标竞争的行为。

（一）招标项目信息的获取途径

公开招标的项目，投标人一般通过国家及各级政府指定的发布招标信息的媒介获取招标信息。投标人可在指定媒介通过检索，查询自己感兴趣的项目。

邀请招标的项目，投标人一般可以通过各级建设主管部门（如县级以上发展计划部门、建设、水利、交通等部门等）、各类勘察设计和工程咨询单位、建设单位（如各房地产开发公司）等获取项目招标信息。

（二）投标分析及决策

投标人获取项目信息后，应进一步确认招标项目的真实性、可靠性，并结合已知的项目信息，全面分析自身资格能力条件、招标项目的特征和需求、市场竞争格局等，做出评价和判断，决定是否参与投标，以及如何组织投标。

1. 对业主及招标项目的调查分析

在参与投标前，投标人应通过多种渠道了解项目的真实性和可靠性，并对项目业主进行进一步的了解，特别是业主支付工程款的能力、履行合同时的信誉等方面。不良的业主风险有可能使承包商无法获利甚至连成本都无法收回。

2. 资格条件分析

投标人应当仔细阅读招标公告或投标邀请书关于资格条件的要求，对照分析自身资格条件是否符合项目的要求。一般情况下，投标人应当对照分析的内容有：

①企业资质是否符合要求。
②结合合同估算价分析是否具备足够的资金。
③结合项目概况及招标范围，分析是否具备施工所需的人员、机械设备等。
④企业是否具备项目所需的类似工程业绩。

3. 自身能力分析

投标竞争不仅是投标报价的竞争，更是投标人综合能力的竞争。投标人应根据已知项目的基本情况，结合企业自身人员结构、质量管理、成本控制、进度管理、技术水平、资金状况、在建工程数量等方面的情况，对投标的可行性进行综合分析评价。选择适合自身承受能力、企业优势较为明显、中标可能性较大的项目进行投标，避免盲目投标带来的不应有的损失。

4. 市场竞争格局分析

投标人应当对市场情况进行调查，收集各类相关信息，分析可能出现的竞争对手及其信誉、管理特色、具有的优势及社会影响力等方面的综合信息,据此对市场竞争格局做出全面的分析判断,以确定自己在投标工程中的竞争力和中标的可能性。

(三)建立投标团队

投标团队负责投标活动的组织实施、投标文件的制作、投标报价的确定等工作,投标团队成员按专业分工合作完成投标目标任务。组建一支专业结构合理、精干高效的投标团队是投标成功的重要保证。

根据项目招标要求,结合投标不同阶段的需要,应动态准备相应的投标团队,包括经济管理、工程技术、商务以及合同管理等方面的专业人员,必要时还可以从外部聘请或委托工程咨询机构,以形成满足投标专业能力结构需要的工作团队,提高投标竞争力。

四、工作过程

(一)请根据×××学校实训大楼施工招标项目的招标公告,成立一个符合招标公告要求资质的投标人企业

1. 请完善企业营业执照

企业营业执照空白模本如图4-1所示。

图4-1 企业营业执照空白模本

2. 请完善企业资质证书

建筑业企业资质证书空白模本如图4-2所示。

图 4-2 建筑业企业资质证书空白模本

（二）请按照要求组建投标团队

请按照要求组建投标团队并填写任务分配表，见表 4-2。

表 4-2 投标团队任务分配表

公司名称	
项目负责人	
专职投标员	
商务组成员	
技术组成员	
合同管理组成员	
团队价值观	

（三）请对照本企业资质情况，在广西壮族自治区公共资源交易中心网站上，检索招标公告信息，阅读一份处于有效期内的施工招标公告，并回答下列问题

①该招标项目名称：_____，招标人：_____，资金来源：_____。

②该项目要求投标人具备_____资质，要求项目经理具备_____专业____级注册建造师执业资格并具备有效的_____证书。

③该项目是否接受联合体投标？_____（是/否）
④本企业是否具备投标资质？_____（是/否）

五、工作评价与小结

（一）工作评价（表4-3）

表4-3 工作评价

评价项目		评价标准	自我评价	小组评价	教师评价
职业素养	工作态度（10分）	积极主动承担工作任务的得10分；对分配的工作任务有推诿现象的得6~8分；拒绝承担工作任务的得0分			
	团队协作（10分）	有较强的团队合作意识，协助团队成员共同完成工作任务的得10分；有团队合作意识，能配合其他成员完成工作任务的得6~8分；完全没有团队意识的得0分			
	工作效率（10分）	在要求的时间内完成工作任务的得10分；在要求的时间内完成工作任务60%以上的得6~8分；在要求的时间内完成工作任务40%以下的得2~4分			
	工作作风（10分）	工作严肃认真细致，字迹工整，没有因粗心犯错和写错别字的得10分；工作严肃认真，字迹工整，没有因粗心犯错但有少量错别字的得6~8分；工作粗心，字迹潦草，工作存在失误的得2分			
	工作考勤（10分）	工作不迟到、不早退、不缺勤得10分；迟到、早退一次扣1分，缺勤一次扣2分，扣完为止			
专业能力	专业技能（30分）	能够正确合理完善企业营业执照的得10分；能够正确合理完善企业资质证书的得10分；能够在指定的网站上检索到符合要求的招标公告的得5分；能够认真仔细阅读检索到的招标公告并正确回答问题的得5分（本项得分为上述内容得分合计）			
	专业知识（10分）	能按任务目标中的要求全部了解、熟悉、掌握的得10分；了解、熟悉、掌握60%以上的得6~8分；了解、熟悉、掌握60%以下的得0~4分			
	沟通能力（10分）	能够耐心听取他人的意见和建议，并顺畅、清晰地表达自己的观点，能就某一事项与他人顺利达成共识的得10分；能顺畅、清晰地表达自己的观点，但不善于听取他人的意见和建议，与他人达成共识有一定困难的得6~8分；既不能耐心听取他人的意见和建议，也无法清晰地表达自己的观点，始终无法与他人达成共识的得2~4分			
合计（100分）					
得分					

注：①自我评价占30%，小组评价占30%，教师评价占40%。
②学生个人最终得分=自我评价×30%+小组评价×30%+教师评价×40%。

（二）工作小结

①请总结招标项目信息获取的途径有哪些？

②在获取招标信息后，企业应对哪些内容进行分析，帮助做出是否参与投标的决策？

③投标团队中应当具备哪些方面的专业人员？

④本部分的任务目标中，你认为还有哪些是你没有掌握的？

任务二　建设工程施工项目投标程序

一、任务目标

（一）目标分析（表4-4）

表4-4　目标分析

知识与技能目标	①熟悉建设工程施工项目投标程序； ②了解投标联合体的概念及联合体投标的注意事项； ③了解现场踏勘的目的和内容； ④能根据招标项目要求，编制投标工作计划
过程与方法目标	在完成实际项目工作任务的情境下，模拟投标人的工作过程，通过已学知识回顾、网络自主学习、小组合作学习的方式，在老师的指导下，学习相关知识，完成工作任务
情感与态度目标	①积极思考，培养自主学习的意识； ②培养团队协作的能力； ③养成认真细致、务实严谨的工作作风

（二）工作任务描述

根据×××学校实训大楼施工招标项目的招标公告要求，编制投标工作计划。

二、工作准备

（一）工作组织

分小组完成工作任务，由小组长分配学习任务，组员根据分配到的任务，通过回顾所学知识、资料查询等方式，完成学习任务；组内分享讨论，将自己了解的知识分享给其他组员，共同完成工作任务。

（二）资料准备

×××学校实训大楼施工招标项目招标公告。

（三）知识准备

完成"三、学习内容"的学习。

三、学习内容

（一）建设工程项目投标的一般程序

投标是与招标相对的概念，在建设工程招投标活动中，根据招标项目要求的不同，不同项目的投标程序会有不同，基本包括以下程序。

1.项目信息获取

潜在投标人一般通过资格预审公告、招标公告及投标邀请书等获取项目的基本信息。

2.投标分析及决策

通过分析已知招标项目信息及要求，结合本企业自身条件，决定是否参与项目的投标竞争。

3.建立投标项目团队

经过投标分析决策，确定参与投标竞争，则需尽快选定投标项目负责人，并组建投标项目团队，制订投标工作计划，分配工作任务。

4.获取资格预审文件并参加资格审查

资格预审的招标项目，资格预审申请人应根据资格预审公告要求的时间、地点及获取方式，获取资格预审文件；根据资格预审文件的要求，编制并递交资格预审申请文件，参加资格审查。资格审查结束后，及时查询是否通过资格审查。通过资格审查，获得投标邀请书的申请人，应按规定的时间，向招标人递交确定参加投标竞争的回执。

5.获取招标文件

资格预审的项目，潜在投标人应按照收到的投标邀请书上规定的时间、地点及方式获取招标文件。资格后审的项目，潜在投标人应根据招标公告或投标邀请书规定的时间、地点及方式获取招标文件。

6.现场踏勘

招标文件中规定，招标人组织现场踏勘的，潜在投标人应按照招标文件中规定的时间、地点参加现场踏勘。如招标人不组织现场踏勘,潜在投标人可根据自身及招标项目的实际情况,自行前往踏勘。

7. **参加投标预备会**

如招标人组织投标预备会,潜在投标人应按招标文件中规定的时间、地点及其他要求参加投标预备会。参加投标预备会前,潜在投标人应认真阅读招标文件、进行现场踏勘,如有疑问、异议的,应进行整理,在投标预备会上向招标人提出。

8. **编制及递交投标文件(包括投标保证金)**

潜在投标人应按照招标文件规定的格式和内容,编制、签署、装订、密封、标识投标文件,按照规定的时间、地点、方式递交投标文件,并根据招标文件的要求提交投标保证金。

潜在投标人在阅读招标文件中产生疑问和异议的,可以按照招标文件规定的时间以书面形式提出澄清要求,招标人应当及时书面答复。

9. **参加开标会议**

潜在投标人应按照招标文件规定的时间、地点及其他要求参加开标会议。除招标文件特别规定外,潜在投标人不参加开标会议不影响其投标文件的有效性。

10. **对投标文件进行澄清、说明或补正(评标委员会提出要求时有)**

如评标委员会要求投标人对投标文件进行澄清、说明或补正的,投标人应按照要求对投标文件进行澄清、说明或补正。投标人不得主动提出澄清、说明或补正,也不得借提交澄清、说明或补正的机会改变投标文件的实质性内容。

投标人在评标中根据评标委员会要求提供的澄清、说明、补正文件,对投标人具有约束力。如果中标,对合同执行有影响的澄清、说明、补正文件应当作为合同文件的组成部分。

11. **查询中标候选人公示**

评标结束后,投标人可在招标公告发布的媒体上查询中标候选人公示。如成为中标候选人,可在公示结束后,在相同的媒体上查询中标结果公告。

12. **领取中标通知书(如中标)**

中标人应按照有关规定领取中标通知书。

13. **签订合同(如中标)**

招标人要求递交履约担保的,中标人应按照招标文件的规定递交履约担保,并按照中标通知书规定的时间、地点与招标人签订合同。

招标人无正当理由拒签合同的,由有关行政监督部门给予警告,责令改正。同时招标人向中标人退还投标保证金,给中标人造成损失的,还应当依法赔偿损失。

14. **查收退回的投标保证金**

招标人应当在与中标人签订合同后5日内退还所有投标人的投标保证金。投标人应当及时查询是否收到退回的投标保证金。

(二)资格后审的建设工程施工招标项目投标程序

资格后审的建设工程施工招标项目投标程序如图4-3所示。

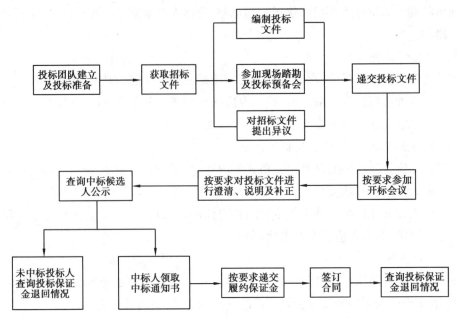

图 4-3 资格后审的建设工程施工招标项目投标程序

(三)联合体投标

联合体投标是指两个以上法人或者其他组织组成投标联合体并签订联合体协议,以一个投标人的身份投标。投标联合体是招投标活动中一种特殊的投标人形式,常见于一些大型复杂项目。

1.联合体的资格条件

招标文件允许联合体投标的,联合体各方应当具备承担招标项目的相应能力;国家有关规定或者招标文件对投标人资格条件有规定的,联合体各方均应当具备规定的相应资格条件。由同一专业的单位组成的联合体,按照资质等级较低的单位确定资质等级。

2.联合体协议书

联合体投标的,联合体各成员应按招标文件要求签署并提交联合体协议书,协议书中应明确联合体各方拟承担的项目工作内容和责任。

联合体协议书格式:

联合体协议书

_____(所有成员单位名称)自愿组成_____(联合体名称)联合体,共同参加_____(项目名称)_____标段施工投标。现就联合体投标事宜订立如下协议。

1._____(某成员单位名称)为_____(联合体名称)牵头人。

2.联合体牵头人合法代表联合体各成员负责本招标项目投标文件编制和合同谈判活动,并代表联合体提交和接收相关的资料、信息及指示,并处理与之有关的一切事务,负责合同实施阶段的主办、组织和协调工作。

3.联合体将严格按照招标文件的各项要求,递交投标文件,履行合同,并对外承担连带责任。

4.联合体各成员单位内部的职责分工如下:_____。

5.本协议书自签署之日起生效,合同履行完毕后自动失效。

6.本协议书一式____份,联合体成员和招标人各执一份。

注:本协议书由委托代理人签字的,应附法定代表人签字的授权委托书。

      牵头人名称:＿＿＿＿＿＿＿（盖单位章）
      法定代表人或其委托代理人:＿＿＿＿（签字）
      成员一名称:＿＿＿＿＿＿＿（盖单位章）
      法定代表人或其委托代理人:＿＿＿＿（签字）
      成员二名称:＿＿＿＿＿＿＿（盖单位章）
      法定代表人或其委托代理人:＿＿＿＿（签字）

3.联合体中标合同的签署

联合体中标的,联合体各方应当共同与招标人签订合同,就中标项目向招标人承担连带责任。牵头人负责整个合同实施阶段的协调工作。由所有联合体成员签署的联合体协议应作为合同的组成部分。

4.联合体投标的注意事项

①联合体参加资格预审的,联合体应当在提交资格预审申请文件前组成。资格预审后,联合体增减、更换成员的,其投标无效。

②投标文件中应附联合体协议(资格预审的可提供复印件)。联合体未在投标文件中附联合体协议的,投标无效。

③一般可由联合体各方或联合体牵头人提交投标保证金。如招标文件有规定,从其规定。

④联合体所有成员均应按照招标文件要求提交各自的资格证明材料。

⑤联合体各方在同一招标项目中以自己名义单独投标或参加其他联合体投标的,相关投标均无效。

(四)现场踏勘

现场踏勘的目的是使投标人了解工程现场和周围环境情况,获取对投标有帮助的信息,并据此作出关于投标策略和投标报价的决定,潜在投标人应自行对据此作出的判断和投标决策负责。如招标文件中约定招标人不组织现场勘察的,潜在投标人可根据需要自行勘察项目现场。

现场踏勘的内容包括:

①施工现场是否达到招标文件规定的条件,如"三通一平"等。

②施工现场自然地理条件,包括:地理位置、地形地貌、用地范围;气象水文情况;地质情况;地震、洪水等自然灾害情况。

③现场施工条件,包括:施工现场周围的道路、进出场条件、交通限制情况;施工现场临时设施、大型施工机具、材料堆放场地安排情况;施工现场相邻建筑物的位置、结构形式、基础埋深、高度等信息;市政给排水管线位置、管径、压力、废水、污水处理方式;市政、消防供水管道管径、压力、位置等;现场供电方式、方位、距离、电压等;工程现场通信线路的连接和铺设;当地政府有关部门对施工现场的一般要求、特殊要求及规定等。

④施工现场附近的生活设施、治安情况等。

(五)对招标文件提出异议或澄清的要求

潜在投标人对招标文件存在疑问或发现不合理规定时,可在招标文件规定的澄清时间前,采用书面形式向招标人提出澄清要求。

《招标投标法实施条例》规定,潜在投标人对资格预审文件有异议的,应当在提交资格预审申请文件截止时间 2 日前提出;对招标文件有异议的,应当在投标截止时间 10 日前提出。

四、工作过程

假设你公司计划参加×××学校实训大楼施工招标项目的投标,请根据招标公告中的相关内容,拟订投标的时间计划(包括中标后的工作),见表 4-5。

①根据投标的一般程序及招标公告的相关内容,拟订工作内容。
②根据项目的实际情况及招标公告中规定的时间,拟订开始时间、完成时间。
③根据投标团队人员的分工,拟订责任人。
④将该项工作内容的要求及注意事项写在备注栏中。

表 4-5 投标时间计划表

序号	工作内容	开始时间	完成时间	责任人	备注

五、工作评价与小结

(一)工作评价(表 4-6)

表 4-6 工作评价

评价项目		评价标准	自我评价	小组评价	教师评价
职业素养	工作态度(10 分)	积极主动承担工作任务的得 10 分;对分配的工作任务有推诿现象的得 6~8 分;拒绝承担工作任务的得 0 分			
	团队协作(10 分)	有较强的团队合作意识,协助团队成员共同完成工作任务的得 10 分;有团队合作意识,能配合其他成员完成工作任务的得 6~8 分;完全没有团队意识的得 0 分			
	工作效率(10 分)	在要求的时间内完成工作任务的得 10 分;在要求的时间内完成工作任务 60%以上的得 6~8 分;在要求的时间内完成工作任务 40%以下的得 2~4 分			

续表

评价项目		评价标准	自我评价	小组评价	教师评价
职业素养	工作作风（10分）	工作严肃认真细致,字迹工整,没有因粗心犯错和写错别字的得10分;工作严肃认真,字迹工整,没有因粗心犯错但有少量错别字的得6~8分;工作粗心,字迹潦草,工作存在失误的得2分			
	工作考勤（10分）	工作不迟到、不早退、不缺勤得10分;迟到、早退一次扣1分,缺勤一次扣2分,扣完为止			
专业能力	专业技能（30分）	能够正确、合理、完整编制投标计划的得30分（投标计划编制不正确或时间安排不合理的,一处扣2分;投标计划编制不完整的,缺少一项工作任务扣3分,扣完为止）			
	专业知识（10分）	能按任务目标中的要求全部了解、熟悉、掌握的得10分;了解、熟悉、掌握60%以上的得6~8分;了解、熟悉、掌握60%以下的得0~4分			
	沟通能力（10分）	能够耐心听取他人的意见和建议,并顺畅、清晰地表达自己的观点,能就某一事项与他人顺利达成共识的得10分;能顺畅、清晰地表达自己的观点,但不善于听取他人的意见和建议,与他人达成共识有一定困难的得6~8分;既不能耐心听取他人的意见和建议,也无法清晰地表达自己的观点,始终无法与他人达成共识的得2~4分			
合计（100分）					
得分					

注：①自我评价占30%,小组评价占30%,教师评价占40%。
②学生个人最终得分=自我评价×30%+小组评价×30%+教师评价×40%。

（二）工作小结

①请总结你编制投标计划的依据及过程。

②本部分的任务目标中,你认为还有哪些是你没有掌握的?

六、知识拓展

资格预审申请人参加资格预审的程序,如图4-4所示。

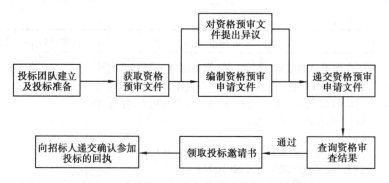

图 4-4 资格预审申请人参加资格预审的程序

任务三 投标文件的编制与密封

一、任务目标

(一) 目标分析(表 4-7)

表 4-7 目标分析

知识与技能目标	①了解投标文件编制的步骤； ②熟悉投标文件的主要内容； ③能够根据招标文件要求的格式和内容,编制部分投标文件
过程与方法目标	在完成实际项目工作任务的情境下,模拟投标人的工作过程,通过网络自主学习、小组合作学习的方式,完成相关内容的学习,在教师的指导下,利用已掌握的知识,完成工作任务
情感与态度目标	①积极思考,培养自主学习的意识； ②培养团队协作的能力； ③养成认真细致、务实严谨的工作作风

(二) 工作任务描述

根据招标文件要求的格式和内容,编制投标文件,并按要求签章、密封、标识。

二、工作准备

(一) 工作组织

分小组完成工作任务,由小组长分配学习任务,组员根据分配到的任务,通过回顾所学知识、资料查询、实地走访等方式,完成学习任务；组内分享讨论,将自己了解的知识分享给其他组员,共同完成工作任务。

(二)资料准备

招标文件,招标文件的澄清、修改文件。

(三)工具准备

密封用的牛皮纸或档案袋、双面胶或胶水、A4纸、签字笔、公章、密封章。

(四)知识准备

完成"三、学习内容"的学习。

三、学习内容

(一)投标文件的编制步骤

1.熟悉招标文件

认真仔细阅读招标文件内容,包括投标人须知、评标办法、合同条款、投标文件格式、图纸、技术要求、工程量清单及招标控制价等。

2.资料收集及信息复核

编制投标文件前,应根据招标文件的要求,收集投标文件编制所需的资料,包括各类规范标准、市场信息价、企业人员信息等。

对招标人给出的及前期收集的信息资料,应再次核对其准确性和真实性,包括工程量的准确性、招标控制价的合理性、市场信息价的真实性等。

3.编制施工组织设计

根据项目现场踏勘情况、招标文件的技术要求、施工图纸等资料,计算工程量,拟订施工总方案,确定采用的施工方法、施工顺序,编制施工进度计划,确定人、材、机的需要量,编制施工组织设计。

4.编制投标报价

根据招标人给出的招标文件(工程量清单、招标控制价)、企业前期调研的市场价格、国家行业相关的规范等,结合对竞争对手的分析,确定投标报价策略,编制投标报价。

5.编制投标文件

根据招标文件要求的格式及内容,编制投标文件。投标文件应响应招标文件中提出的所有实质性要求和条件。投标文件编制完成后,应按招标文件的要求进行签署、盖章。

6.投标文件的装订、密封和标识

投标文件编制完成后,应按照招标文件的要求装订成册,并进行密封、标识。

采用电子招标的项目,投标人应按照招标文件和电子招标投标交易平台的要求编制并加密投标文件。

(二)投标文件的内容

投标文件是投标活动的书面成果,是投标人能否通过评标,成为中标人进而签订合同的依据。投标文件一般包括资格证明文件、技术文件、商务文件3个部分。

根据《标准施工招标文件》(2007年版)的规定,工程施工项目投标文件一般包括以下内容:

①投标函及投标函附录。
②法定代表人身份证明或附有法定代表人身份证明的授权委托书。
③联合体协议书(如有)。
④投标保证金。
⑤已标价工程量清单。
⑥施工组织设计。
⑦项目管理机构。
⑧拟分包项目情况表。
⑨资格审查资料(资格后审项目)。
⑩招标文件规定的其他资料。

四、工作过程

(一)认真阅读×××学校实训大楼施工招标项目招标文件(投标人须知),请列出本项目投标文件的目录(要求按照招标文件的要求,列出所有需要编入投标文件的内容)

(二)根据×××学校实训大楼施工招标项目招标文件的要求,结合本企业的实际情况,完成下列投标文件内容的填写,并按要求签字、盖章
资格审查标封面：
_____(项目名称)施工投标邀请书

投 标 文 件

项目招标编号：_____

投标内容：_____
投标人：_____(盖单位章)
法定代表人或其委托代理人：_____(签字或盖章)
_____年_____月_____日

法定代表人身份证明

投 标 人:_____

单位性质:_____

地　　址:_____

成立时间:_____年_____月_____日

经营期限:_____

姓　　名:_____　　性　别:_____

年　　龄:_____　　职　务:_____

系_____(投标人名称)的法定代表人。

特此证明。

　　　　　　　　　　　　　　　　　　投标人:_____(盖单位章)

　　　　　　　　　　　　　　　　　　_____年_____月_____日

授权委托书

　　本人_____(姓名)系_____(投标人名称)的法定代表人,现委托_____(姓名)为我方代理人。代理人根据授权,以我方名义签署、澄清、说明、补正、递交、撤回、修改_____(项目名称)施工投标文件、签订合同和处理有关事宜,其法律后果由我方承担。

　　委托期限:_____。

　　代理人无转委托权。

　　附:法定代表人身份证明

　　　　　　　　　　投　标　人:_____(盖单位章)

　　　　　　　　　　法定代表人:_____(签字)

　　　　　　　　　　身份证号码:_____

　　　　　　　　　　委托代理人:_____(签字)

　　　　　　　　　　身份证号码:_____

　　　　　　　　　　　　　_____年_____月_____日

项目管理机构组成表

名　称	姓名	职务	资质/职称	主要资历、经验及承担的项目

注：项目管理机构组成人员除按桂林市建设与规划委员会市建规〔2006〕270号文《关于调整建筑施工现场项目部管理的通知》的规定执行，还须满足前附表中的最低要求。

投　标　函

1. 根据你方项目编号为＿＿＿＿＿＿＿（项目编号）的＿＿＿＿＿＿＿（工程项目名称）工程招标文件，遵照《中华人民共和国招标投标法》等有关规定，经踏勘项目现场和研究上述招标文件的投标须知、合同条款、图纸、工程建设标准和工程量清单及其他有关文件后，我方愿意以工程总造价人民币（大写）＿＿＿＿＿＿＿元(￥＿＿＿＿＿＿＿元)［其中：投标报价（大写）＿＿＿＿＿＿＿元(￥＿＿＿＿＿＿＿元)］，安全防护、文明施工措施费￥＿＿＿＿＿＿＿元，规费￥＿＿＿＿＿＿＿元(其中：社会保险费＿＿＿＿＿＿＿元，其他＿＿＿＿＿＿＿元)，增值税￥＿＿＿＿＿＿＿元，暂估价￥＿＿＿＿＿＿＿元，暂列金额￥＿＿＿＿＿＿＿元，并按上述图纸、合同条款、工程建设标准和工程量清单（如有时）的条件要求承包上述工程的施工、竣工，并承担任何质量缺陷保修责任。我方保证工程质量达到＿＿＿＿＿＿＿等级。

2. 我方已详细审核全部招标文件，包括修改文件（如有时）及有关附件。

3. 我方承认投标函附录是我方投标函的组成部分。

4. 一旦我方中标，我方保证按合同书中规定的工期＿＿＿＿＿＿＿日历天内完成并移交全部工程。

5.如果我方中标,我方将按照文件规定提交履约保证金作为履约担保。

6.我方同意所提交的投标文件在招标文件的投标须知中第 3.3.1 条规定的投标有效期内有效,在此期间内如果中标,我方将受此约束。

7.除非另外达成协议并生效,你方的中标通知书和本投标文件将成为约束双方的合同文件的组成部分。

8.我方将与本投标函一起,提交人民币_____元作为投标担保。

  注册建造师:_____施工员:_____安全员:_____质检员:_____

  投 标 人:_____(盖章)

  单位地址:_____

  法定代表人或其委托代理人(同时是专职投标员):_____(签字或盖章)

  邮政编码:_____电话:_____传真:_____

  开户银行名称:_____

  开户银行账号:_____

  开户银行地址:_____

  开户银行电话:_____

  日期:_____年_____月_____日

(三)根据以下提示的步骤,按照招标文件的要求密封、标识投标文件

①将投标文件放入档案袋中或用牛皮纸包好,用双面胶或胶水密封,保证投标文件不外露,且外包封无破损。

②按照招标文件中的要求在 A4 纸上写上封套上应写明的内容,并粘贴在投标文件外包封上。

③按照招标文件的要求在封套上盖章。

五、工作评价与小结

(一)工作评价(表 4-8)

表 4-8 工作评价

评价项目		评价标准	自我评价	小组评价	教师评价
职业素养	工作态度(10 分)	积极主动承担工作任务的得 10 分;对分配的工作任务有推诿现象的得 6~8 分;拒绝承担工作任务的得 0 分			
	团队协作(10 分)	有较强的团队合作意识,协助团队成员共同完成工作任务的得 10 分;有团队合作意识,能配合其他成员完成工作任务的得 6~8 分;完全没有团队意识的得 0 分			
	工作效率(10 分)	在要求的时间内完成工作任务的得 10 分;在要求的时间内完成工作任务 60% 以上的得 6~8 分;在要求的时间内完成工作任务 40% 以下的得 2~4 分			

续表

评价项目		评价标准	自我评价	小组评价	教师评价
职业素养	工作作风（10分）	工作严肃认真细致,字迹工整,没有因粗心犯错和写错别字的得10分;工作严肃认真,字迹工整,没有因粗心犯错但有少量错别字的得6~8分;工作粗心,字迹潦草,工作存在失误的得2分			
	工作考勤（10分）	工作不迟到、不早退、不缺勤得10分;迟到、早退一次扣1分,缺勤一次扣2分,扣完为止			
专业能力	专业技能（40分）	能够按要求列出投标文件内容的得15分(每少一项内容扣1分);能够按要求完成投标文件封面编制的得5分;能够按照要求完成法人代表人身份证明的得5分;能够按要求完成授权委托书的得5分;能够按要求完成项目组织机构表填写的得5分;能够按照要求完成投标文件的密封和标识的得5分(本项得分为以上得分的合计)			
	专业知识（5分）	能按任务目标中的要求全部了解、熟悉、掌握的得5分;了解、熟悉、掌握60%以上的得3分;了解、熟悉、掌握60%以下的得1分			
	沟通能力（5分）	能够耐心听取他人的意见和建议,并顺畅、清晰地表达自己的观点,能就某一事项与他人顺利达成共识的得5分;能顺畅、清晰地表达自己的观点,但不善于听取他人的意见和建议,与他人达成共识有一定困难的得2~3分;既不能耐心听取他人的意见和建议,也无法清晰地表达自己的观点,始终无法与他人达成共识的得1分			
		合计(100分)			
		得分			

注:①自我评价占30%,小组评价占30%,教师评价占40%。

②学生个人最终得分＝自我评价×30%＋小组评价×30%＋教师评价×40%。

（二）工作小结

①请列出投标文件的编制步骤。

②请总结投标文件的内容有哪些?

③本部分的任务目标中,你认为还有哪些是你没有掌握的?

项目五　开标评标

任务一　开标前准备

一、任务目标

(一)目标分析(表 5-1)

表 5-1　目标分析

知识与技能目标	①掌握开标会议开始前需要做的准备工作及注意事项； ②掌握接收投标文件和递交投标文件的要求； ③作为招标人，能完成开标会议前的各项准备工作，以及投标文件的接收工作； ④作为投标人，能完成投标文件的递交工作
过程与方法目标	在完成实际项目工作任务的情境下，模拟招标人(招标代理)及投标人的工作过程，通过独立思考、自主学习、小组合作学习等方式，在教师的指导下，完成开标会议的准备工作，并能按要求递交投标文件及接收各投标单位的投标文件
情感与态度目标	①积极思考，培养自主学习的意识； ②培养团队协作的能力； ③养成认真细致、务实严谨的工作作风

(二)工作任务描述

①做好开标会议前的准备工作，确保开标会议能顺利进行。
②投标人按招标文件要求的时间、地点递交投标文件。
③招标人接收投标人的投标文件，完成投标文件接收情况登记表的填写。

二、工作准备

(一)工作组织

分小组完成工作任务,由小组长分配工作及学习任务,组员根据分配到的任务,通过回顾所学知识、资料查询等方式,完成学习任务;组内分享讨论,将自己了解的知识分享给其他组员,共同完成工作任务。

(二)工作准备

查阅×××学校实训大楼施工招标项目从编制招标计划开始的各项文件内容,熟悉项目招标的情况。

(三)学习准备

完成"三、学习内容"的学习。

三、学习内容

(一)开标会议前的准备工作

1. 开标会议现场

招标人应准备好开标必备的现场条件,包括提前布置好开标会议室,准备好开标需要的设备、设施等。在交易中心开标的项目,应提前与交易中心工作人员确认开标场地设施设备的情况。

2. 开标会议所需文件资料及工具

①招标相关文件:包括招标文件、工程量清单、招标控制价文件及招标控制价公布文件、澄清或修改通知等招标前期文件。

②开标表格:投标文件接收登记表、开标情况记录表等。

③其他文件:国家相关法律法规等。

④开标所需工具:计算机、打印机、计算器、签字笔、裁纸刀、剪刀、A4打印纸等。

3. 工作人员

招标人(或招标代理机构)应提前分配好个人的工作任务。接到工作任务的工作人员应做好相关准备工作,熟悉招标项目情况,了解开标会议流程。招标人和参与开标会议的有关工作人员应按时到达开标现场。

(二)投标文件的接收

招标人应安排专人,在招标文件指定的时间、地点接收投标人递交的投标文件(包括投标保证金),并对投标文件递交情况进行详细记录。

1. 接收投标文件过程中的注意事项

①招标人应按招标文件规定的时间、标识、密封要求,对投标文件进行检查,完全符合要求的投标文件方能接收,否则应予拒绝。

②在投标文件递交截止时间前,投标人书面通知招标人撤回其投标的,招标人应核实其撤回投标书面通知的真实性。在接受撤回投标书面通知及投标人授权代表身份证明并经核实

后,招标人应将投标文件退回该投标人。

③在投标文件递交截止时间前,投标人对投标文件进行补充或修改的,招标人应按招标文件的要求对其补充、修改文件的递交时间、标识、密封进行审查,符合要求的,招标人应当接收。

④投标文件未按招标文件要求密封的,在投标截止时间前,招标人应当允许投标人自行更正补救。经更正、补救后,密封、标识情况达到招标文件要求的投标文件,招标人应当接收。

⑤招标人应保证接收的投标文件不丢失、不损坏、不泄密。

2.招标人应当拒绝接收投标文件的情况

①投标文件密封不符合招标文件要求的,招标人应当拒绝接收。

②在投标文件递交截止时间后递交的投标文件,招标人应当拒绝接收。

③采用资格预审方法被审定不合格的投标人的投标文件,招标人应当拒绝接收。

3.接收投标文件的程序

接收投标文件的程序如图5-1所示。

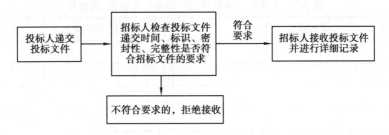

图5-1 接收投标文件的程序

(三)投标文件的递交

投标文件应按照招标文件规定的时间送达指定地点。

在招标文件规定的投标文件递交截止时间前,投标人可对已递交的投标文件进行修改、补充或撤回。

投标人对投标文件进行修改、补充的,应书面通知招标人。修改和补充的文件应当按照招标文件的要求签署、盖章,并密封送达。修改补充的内容构成投标文件的组成部分。

投标人撤回投标文件的,应书面通知招标人。

四、工作过程

(一)请在×××学校实训大楼施工招标项目开标前一天,完成开标会议的以下准备工作

①回顾本项目招标过程中的文件(包括招标文件、澄清或修改公告等),再次确认本项目的开标时间及开标地点。

本项目开标时间:_____年_____月_____日_____时_____分。

本项目开标地点:_____。

②与交易中心工作人员联系,确认开标室设施设备情况是否符合开标的要求,并进行记录。

开标室设施设备情况如下:_____

③准备好开标所需的文件资料,并进行登记(表5-2)。

表5-2　登记开标所需的文件资料

文件名称	文件份数	备注

④准备好开标需要用到的表格,并检查表格内容的正确性、完整性(表5-3)。

表5-3　检查开标需要用到的表格的正确性、完整性

表格名称	内容是否正确	内容是否完整

⑤准备好开标时需要用到的工具。

开标时需要用到的工具:_____。

以上工具是否准备妥当:_____。

⑥安排好参加开标的工作人员,并分配好工作任务(表5-4)。

表5-4　工作人员任务分配表

职务	姓名	工作任务
接收投标文件人员		负责接收投标文件,检查投标文件递交时间、标识、密封情况,并详细记录
主持人		负责开标会议组织,控制流程、时间,安排分工,机动协调,意外情况的处理等
唱标人		负责宣读投标函、招标控制价及其他相关信息,协助记录人员对唱标过程进行详细记录
开标人		负责开启各投标单位的投标文件,并将投标文件翻到投标函页,递给唱标人
记录人		负责对整个开标过程、唱标内容进行详细记录,并督促相关人员对开标记录内容进行确认并签字

(二)开标当天,投标文件递交截止时间前,接收投标文件过程中,发生以下情况,请妥善处理,并完成投标文件接收登记表

①本项目投标文件递交截止时间为 _____ 年 _____ 月 _____ 日 _____ 时 _____ 分,超过该时间递交的投标文件,应当_____。

②接收投标文件的过程中,发现某投标单位递交的投标文件没有按照招标文件的要求进行密封,这时你应如何处理?

③投标文件递交截止时间前,已经递交了投标文件的某投标单位要求再递交一份投标文件的补充文件,是否应当接收这份补充文件?为什么?如果接收,应当做哪些工作?

④请根据投标文件的接收情况,完成投标文件接收登记表(表5-5)。

表5-5 投标文件接收登记表

序号	投标人名称	投标文件份数	递交时间	投标保证金递交情况	投标文件标识情况	投标文件密封情况	投标人签字	接收人签字

(三)投标人根据以下提示,完成递交投标文件的工作

①递交投标文件前,应再次检查投标文件的份数、密封性、标识等是否符合招标文件的要求,如与招标文件要求不符,应及时补正。

②按照招标文件要求的递交时间,按时将投标文件送达指定地点,交给负责接收投标文件的工作人员。

③工作人员确认投标文件的密封性和标识符合要求后,在投标文件接收登记表上签字确认。

五、工作评价与小结

(一)工作评价(表 5-6)

表 5-6　工作评价

评价项目		评价标准	自我评价	小组评价	教师评价
职业素养	工作态度 (10 分)	积极主动承担工作任务的得 10 分;对分配的工作任务有推诿现象的得 6~8 分;拒绝承担工作任务的得 0 分			
	团队协作 (10 分)	有较强的团队合作意识,服从小组长任务分配,并能协助团队成员共同完成工作任务的得 10 分;有团队合作意识,服从小组长任务分配,能配合其他成员完成工作任务的得 6~8 分;完全没有团队意识,不服从任务分配的得 0 分			
	工作效率 (10 分)	在要求的时间内完成工作任务的得 10 分;在要求的时间内完成工作任务 60% 以上的得 6~8 分;在要求的时间内完成工作任务 40% 以下的得 2~4 分			
	工作作风 (10 分)	工作严肃认真细致,字迹清晰工整,辨认无误的得 10 分;工作严肃认真,字迹清晰,辨认无误,但存在少量错误(0~5 处)的得 6~8 分;工作粗心,字迹潦草,辨认不清,存在较多错误(5 处以上)的得 2~4 分			
	工作考勤 (10 分)	工作不迟到、不早退、不缺勤得 10 分;迟到、早退一次扣 1 分,缺勤一次扣 2 分,扣完为止			
专业能力	专业技能 (40 分)	能够按要求完成开标会议的各项准备工作的得 30 分(完成每个小任务得 5 分,每个小任务出现错误的,一处扣 1 分,扣完为止);能够按要求完成接收投标文件工作,并完成投标文件接收登记表的得 5 分(接收投标文件过程中,出现失误一次扣 1 分,投标文件登记表中记录错误一处扣 0.5 分,扣完为止);投标人完成投标文件递交工作得 5 分(本项得分为以上得分的合计)			
	专业知识 (5 分)	能按任务目标中的要求全部了解、熟悉、掌握的得 5 分;了解、熟悉、掌握 60% 以上的得 3 分;了解、熟悉、掌握 60% 以下的得 1 分			
	沟通能力 (5 分)	能够耐心听取他人的意见和建议,并顺畅、清晰地表达自己的观点,能就某一事项与他人顺利达成共识的得 5 分;能顺畅、清晰地表达自己的观点,但不善于听取他人的意见和建议,与他人达成共识有一定困难的得 2~3 分;既不能耐心听取他人的意见和建议,也无法清晰地表达自己的观点,始终无法与他人达成共识的得 1 分			
合计(100 分)					
得分					

注:①自我评价占 30%,小组评价占 30%,教师评价占 40%。
　　②学生个人最终得分=自我评价×30%+小组评价×30%+教师评价×40%。

(二)工作小结

①请列出开标会议前需要做的准备工作有哪些?

②完成开标会议前准备工作后,请总结你的工作过程(先做什么,后做什么)。

③接收投标文件的工作过程中有哪些注意事项?

④本部分的任务目标中,你认为还有哪些是你没有掌握的?

任务二　开标会议

一、任务目标

(一)目标分析(表5-7)

表5-7　目标分析

知识与技能目标	①了解参加开标会议的单位、人员; ②熟悉开标会议的流程及注意事项; ③作为招标人(招标代理机构),能组织开标会议,并完成开标会议中的各项工作; ④作为投标人,能按照招标文件的要求参加开标会议
过程与方法目标	通过独立思考、自主学习、小组合作学习等方式,在完成实际项目工作任务的情境下,模拟招标人(招标代理)的工作过程,组织完成开标会议;模拟投标人的工作过程,参加开标会议
情感与态度目标	①积极思考,培养自主学习的意识; ②培养团队协作的能力; ③养成认真细致、务实严谨的工作作风

(二)工作任务描述

招标人(招标代理机构):组织召开开标会议,并完成开标会议中的各项工作。

投标人:按招标文件要求,参加开标会议。

二、工作准备

(一)工作组织

分小组进行角色扮演,根据分配到的角色(招标人、招标代理或投标人),由小组长分配工作及学习任务,组员根据分配到的任务,通过回顾所学知识、观看学习视频、资料查询、小组讨论、合作探究等方式,共同完成工作任务。

(二)工作准备

完成"任务一 开标准备"中的各项准备工作。

(三)知识准备

完成"三、学习内容"的学习。

(四)工具准备

开标会议中需要用到的各种工具。

三、学习内容

(一)开标会议

开标是招投标活动中的一项重要程序,是招标投标活动中公开原则的重要体现。招标人应邀请所有投标人参加开标会议。开标时,应公布投标人名称、投标报价以及招标文件规定的其他唱标内容,并将相关情况记录在案,使招标投标当事人了解、确认并监督各投标文件的关键信息。

1.开标会议时间及地点

开标时间:招标文件规定的提交投标文件截止时间的同一时间。

开标地点:招标文件中预先规定的开标地点。

2.参加开标会议的相关单位及人员

①招标人:招标人代表。

②招标代理机构:组织完成开标会议所需的相关工作人员,包括招标项目负责人、主持人、唱标人、拆标人、记录人等。如招标组织形式为自行招标,则以上工作人员应由招标人安排。

③行政监督机构或公证机构:监督机构代表或公证人员。

④投标人:投标人法定代表人或其授权代表,一般为投标人的专职投标人员。招标文件中对投标人参加开标会议有要求的,应遵循招标文件的要求。除招标文件中有特别说明外,投标人可自主决定是否参加开标会议,不影响投标文件的有效性。

3.开标程序

开标程序如图 5-2 所示。

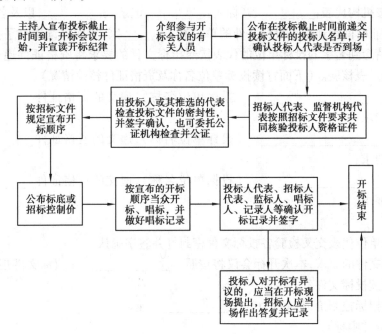

图 5-2 开标程序

(二)开标会议中的注意事项

①投标人少于 3 个的,不得开标。

②投标文件递交截止时间前收到的所有投标文件,开标时,都应当众予以拆封、宣读。在投标文件递交截止时间前撤回投标的,应当宣读其撤回投标的书面通知。

③招标人及监督机构代表等不应在开标现场对投标文件是否有效做出判断,应提交评标委员会评定。

四、工作过程

(一)假如你是开标会议的主持人,请完善以下主持词的内容

_____工程招标开标主持词

大家早上好,现在是北京时间____年____月____日____时____分,投标截止时间到,之后送达的投标文件均不予受理。受_____(招标人名称)委托,由_____(代理机构名称)代理的_____(工程名称)开标会议现在开始。下面宣布会场纪律:

①参加开标会的人员应自觉保持会场内肃静,请勿在会场内吸烟、随意走动,随身携带的通信工具请暂时关机或调至静音状态;

②投标人如果认为唱标记录与投标文件有不符之处,请在唱标时提出;

③与会人员未经同意,请勿离场。

下面介绍参加本次开标会议的相关人员,主持人(唱标人):_____、招标人代表_____、监督机构代表:_____、开标人:_____、记录人:_____,以及各投标人代表。

在投标截止时间前递交了投标文件的单位有_____家,下面宣读递交了投标文件的投标单位名称,请念到名字的投标单位的代表按照招标文件的要求将资格证件递交给招标人代表及监督机构代表核验。(下面宣读投标单位名称及资格证件核验情况)。

_____(投标单位名称),递交的资格证件_____(符合/不符合)招标文件要求;

_____(投标单位名称),递交的资格证件_____(符合/不符合)招标文件要求;

_____(投标单位名称),递交的资格证件_____(符合/不符合)招标文件要求。

……

请各投标单位代表交叉检验各投标文件密封性并签字确认。

按照招标文件的要求,本次开标会议将按照_____(招标文件规定的方式)的顺序开启并宣读投标文件。

本项目的招标控制价(标底)为_____元。

(开始开标并唱标)

唱标内容:

__××××__(单位名称),投标报价为:__××××__元,承诺工期:__×××__日历日,承诺质量等级:__××××__

(下面依次宣读)

唱标完毕,各投标单位如对唱标内容无异议,请在开标记录表上签字确认。

请招标人代表、监督机构代表、开标人、唱标人、记录人分别在开标记录表上签字确认。

接下来进入评标委员会评审阶段,请各投标单位不要远离开标场所并保持通信工具的畅通,以便评委发起问题澄清时能及时收到。

开标会议到此结束。

(二)本小组成员按照任务一工作人员任务分配表分配的角色,其他小组同学扮演投标人,教师扮演招标人代表及监督机构代表,组织完成开标会议,并完成下列任务

①将开标会议全过程用手机(或其他设备)录制下来,视频文件作为项目档案留存。

是否录制视频:是　　否　　(请勾选)

②根据开标过程,如实填写项目开标记录表(表5-8),并要求相关人员签字确认。

③开标会议过程中,发生了哪些你认为印象深刻的事情(例如,你认为处理方式不当的情况、你不知道如何处理的事件或者你认为工作人员处理得很好的事情等)?请记录下来,并说明原因。

表 5-8　**项目开标记录表**

项目名称：_____（项目名称）
招标人：_____　项目招标编号：_____　开标时间：____年____月____日
　　　　　　　　　　招标代理机构：_____

序号	投标单位	是否按时递交投标文件	投标文件密封性	资格证件是否有效	投标文件是否有效	提交的投标保证金（万元）	投标总报价（元）	投标报价（元）	工期（日历天）	质量等级	备注	投标人代表签字确认
1												
2												
3												
4												
5												
6												
7												

招标人授权代表（签字）：

监督人员（签字）：　　　唱标人（签字）：　　　开标人（签字）：　　　记录人（签字）：

五、工作评价与小结

（一）工作评价（表5-9）

表5-9 工作评价

评价项目		评价标准	自我评价	小组评价	教师评价
职业素养	工作态度（10分）	积极主动承担工作任务的得10分；对分配的工作任务有推诿现象的得6~8分；拒绝承担工作任务的得0分			
	团队协作（10分）	有较强的团队合作意识，服从小组长任务分配，并能协助团队成员共同完成工作任务的得10分；有团队合作意识，服从小组长任务分配，能配合其他成员完成工作任务的得6~8分；完全没有团队意识，不服从任务分配的得0分			
	工作效率（10分）	在要求的时间内完成工作任务的得10分；在要求的时间内完成工作任务60%以上的得6~8分；在要求的时间内完成工作任务40%以下的得2~4分			
	工作作风（10分）	工作严肃认真细致，字迹清晰工整，辨认无误的得10分；工作严肃认真，字迹清晰，辨认无误，但存在少量错误（0~5处）的得6~8分；工作粗心，字迹潦草，辨认不清，存在较多错误（5处以上）的得2~4分			
	工作考勤（10分）	工作不迟到、不早退、不缺勤得10分；迟到、早退一次扣1分，缺勤一次扣2分，扣完为止			
专业能力	专业技能（40分）	作为招标人，能够按要求组织完成开标会议，并完成视频录制的得20分（完成开标会议中分配到的任务，配合小组完成开标会议），作为投标人，能够按要求参加开标会议的得20分（根据小组所扮演的角色分别计算得分）；能够按要求完成开标主持词的填写的得10分（填写内容错误一处扣0.5分，扣完为止）；能够按要求完成开标记录表的得10分（错误一处扣0.5分，扣完为止）（本项得分为以上得分的合计）			
	专业知识（5分）	能按任务目标中的要求全部了解、熟悉、掌握的得5分；了解、熟悉、掌握60%以上的得3分；了解、熟悉、掌握60%以下的得1分			
	沟通能力（5分）	能够耐心听取他人的意见和建议，并顺畅、清晰地表达自己的观点，能就某一事项与他人顺利达成共识的得5分；能顺畅、清晰地表达自己的观点，但不善于听取他人的意见和建议，与他人达成共识有一定困难的得2~3分；既不能耐心听取他人的意见和建议，也无法清晰地表达自己的观点，始终无法与他人达成共识的得1分			
合计（100分）					
得分					

注：①自我评价占30%，小组评价占30%，教师评价占40%。
②学生个人最终得分=自我评价×30%+小组评价×30%+教师评价×40%。

(二)工作小结

①请总结开标会议的程序及开标过程中的注意事项。

②在开标会议过程中,你担任的角色是什么?你做了哪些工作?

③请总结你所做的工作需要具备哪些专业知识和技能?需要注意哪些事项?

④本部分的任务目标中,你认为还有哪些是你没有掌握的?

任务三 评 标

一、任务目标

(一)目标分析(表 5-10)

表 5-10 目标分析

知识与技能目标	①了解评标委员会评标的原则; ②了解评标专家的抽取程序; ③了解评标的基本工作程序
过程与方法目标	通过独立思考、自主学习、小组合作学习等方式,在完成实际项目工作任务的情境下,完成评标相关知识的学习,并完成工作任务
情感与态度目标	①积极思考,培养自主学习的意识; ②培养团队协作的能力; ③养成认真细致、务实严谨的工作作风

（二）工作任务描述

根据×××学校实训大楼招标文件的要求完成"评标专家抽取申请表"，根据评标结果汇总表，向招标人推荐中标候选人。

二、工作准备

（一）工作组织

小组成员共同讨论并完成工作任务。

（二）资料准备

招标文件及其澄清与修改、招标控制价、开标记录表、评标表格。

（三）知识准备

完成"三、学习内容"的学习。

三、学习内容

（一）评标原则与纪律

1.评标原则

评标活动应遵循公平、公正、科学、择优的原则。

评标委员会成员应按照上述原则履行职责，对所提出的评审意见承担个人责任。评标工作应符合以下基本要求：

①认真阅读招标文件，正确把握招标项目的特点和需求。

②严格按照招标文件规定的评标标准和方法评审投标文件，招标文件没有规定的评标标准和方法，评标时不得采用。

2.评标纪律

①评标活动由评标委员会依法进行，任何单位和个人不得非法干预。无关人员不得参加评标会议。

②评标委员会成员不得与任何投标人或者与招标项目有利害关系的人私下接触，不得收受投标人、中介机构以及其他利害关系人的财物和其他好处。

③招标人或其委托的招标代理机构应当采取有效措施，确保评标工作不受外界干扰，保证评标活动严格保密，有关评标活动参与人员应当严格遵守保密规则，不得泄露与评标有关的任何情况。需要保密的内容有评标委员会成员名单、投标文件评审情况、中标候选人推荐情况、与评标有关的其他情况。

（二）评标专家的确定

依法必须招标的项目，评标委员会的专家评委应当从评标专家库内相关专业的专家名单中以随机抽取方式确定。技术复杂、专业性强或者国家有特殊要求，采取随机抽取方式确定的专家难以保证其胜任评标工作的特殊项目，报相应主管部门后，可以由招标人直接确定评标专家。

评标专家抽取的程序如图 5-3 所示。

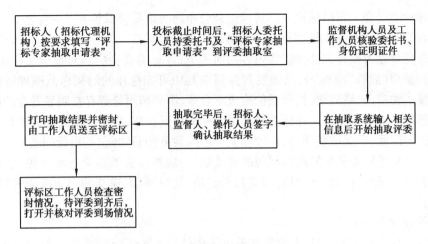

图 5-3 评标专家抽取的程序

注:各地主管部门对评标专家抽取的程序要求有不一致的,应按照当地主管部门的要求进行。

(三)评标的基本程序

评标工作将按照以下 5 个步骤进行:
①评标准备。
②初步评审。
③澄清、说明或补正。
④详细评审。
⑤推荐中标候选人或者直接确定中标人及提交评标报告。

1. 评标准备

1)确定评标时间

招标人应根据招标项目的规模、技术复杂程度、投标文件数量、评标标准和方法及评标需要完成的工作量,合理确定评标时间。评标一般应在开标后立即进行。

2)评标委员会成员签到

评标委员会成员到场后应在签到表上签到。

3)评标委员会组建及分工

首先推选一位评标委员会主任。评标委员会主任负责组织评标工作,当需要划分技术类、经济类评委时,应按要求将评委分为技术组评委和经济组评委。

4)熟悉文件资料

评标委员会主任应组织评标委员会成员认真研究招标文件,了解和熟悉招标目的、招标范围、主要合同条件、技术标准和要求、质量标准和工期要求,掌握评标标准和方法,熟悉本项目介绍的评标表格的使用,如果招标文件中列出的表格不能满足评标所需时,评标委员会应补充编制评标所需的表格,尤其是用于详细分析计算的表格。

5)暗标编号

招标文件中要求对施工组织设计采用暗标评审方式的,在评标开始前,由专人负责编制投标文件暗标编码,并将暗标编码与投标人的对应关系作好暗标记录。暗标编码按随机方式编制。在评标委员会全体成员均完成暗标部分评审并对评审结果进行汇总和签字确认后,招标人方可向评标委员会公布暗标记录。暗标记录公布前必须妥善保管并予以保密。

6）对投标文件进行基础性数据分析和整理工作（清标）

在不改变投标人投标文件实质性内容的前提下，评标委员会应当对投标文件进行基础性数据分析和整理（简称"清标"），从而发现并提取其中可能存在的对招标范围理解的偏差，投标报价的算术性错误、错漏项，投标报价构成不合理、不平衡报价等存在明显异常的问题，并将这些问题整理形成清标成果。评标委员会对清标成果审议后，决定需要投标人进行书面澄清、说明或补正的问题，形成质疑问卷，向投标人发出问题澄清通知（包括质疑问卷）。

投标人接到评标委员会发出的问题澄清通知后，应按评标委员会的要求提供书面澄清资料并按要求进行密封，在规定的时间递交到指定地点。投标人递交的书面澄清资料由评标委员会开启。

7）其他评标准备工作

①评标委员会成员的手机、上网终端等电子通信设备在评标期间应当统一保管。

②根据相关规定，对评标工作进行现场录像、录音，以备核查。

③评标工作如采取电子评标方式或计算机辅助评标的，应准备好计算机等评标所需的电子设备，并确保电子评标所用交易平台的评标功能安全、稳定。

2. 初步评审

1）初步评审内容

工程施工招标项目的初步评审分为形式评审、资格评审和响应性评审。采用经评审的合理低价法时，初步评审的内容还包括对施工组织设计和项目管理机构的评审。

形式评审、资格评审和响应性评审分别是对投标文件的外在形式、投标资格、投标文件是否响应招标文件实质性要求进行的评审，评审内容见项目二"任务三　评标办法"中的相关内容。初步评审过程中，任何一项评审不合格的应作否决投标处理。

2）判断是否为废标

评标委员会根据招标文件中所列废标条件，判断投标人的投标是否为废标。

3）算术性错误修正

评标委员会依据招标文件中规定的相关原则对投标报价中存在的算术性错误进行修正，并根据算术性错误修正结果计算评标价。

投标文件中的大写金额和小写金额不一致的，一般以大写金额为准；总价金额与单价金额不一致的，以单价金额为准，但单价金额小数点有明显错误的除外。

3. 澄清、说明或补正

在初步评审过程中，评标委员会应当就投标文件中不明确的内容要求投标人进行澄清、说明或者补正。投标人应当根据问题澄清通知要求，以书面形式予以澄清、说明或者补正。

4. 详细评审

初步评审合格的投标文件才能进入详细评审。

1）经评审的合理低价法

①价格折算：评标委员会根据招标文件中规定的程序、方法和标准，以及算术性错误修正结果，对投标报价进行价格折算，计算出评标价。

②判断投标价格是否低于成本价：评标委员会根据招标文件中规定的程序、方法和标准，判断投标报价是否低于其成本，评标委员会认定投标人以低于成本竞标的，其投标作废标处理。

③澄清、说明或补正:在评审过程中,评标委员会应当就投标文件中不明确的内容要求投标人进行澄清、说明或者补正。投标人应当根据问题澄清通知要求,以书面形式予以澄清、说明或者补正。

2)综合评估法

①施工组织设计评审和评分。

②项目管理机构评审和评分。

③投标报价评审和评分,并对明显低于其他投标报价的投标报价,或者在设有标底时明显低于标底的投标报价,判断是否低于其个别成本。

④其他因素评审和评分。

⑤汇总评分结果。

5.推荐中标候选人或者直接确定中标人及提交评标报告

1)中标候选人推荐

如采用经评审的合理低价法,评标委员会对有效投标按照评标价格由低到高的顺序排列,按照招标文件规定的推荐中标候选人数量,将排序在前的投标人推荐为中标候选人。

如采用综合评估法,评标委员会按照最终得分由高到低的顺序排列,按照招标文件规定的推荐中标候选人数量,将排序在前的投标人推荐为中标候选人。

2)直接确定中标人

招标文件中授权评标委员会直接确定中标人的,评标委员会可直接确定中标人。

如采用经评审的合理低价法,评标委员会对有效投标按照评标价格由低到高的顺序排列,并确定排序第一的投标人为中标候选人。

如采用综合评估法,评标委员会按照最终得分由高到低的顺序排列,并确定排序第一的投标人为中标候选人。

3)评标报告

评标报告是评标委员会的工作成果。评标报告应当由全体评标委员会成员签字,并于评标结束时抄送有关行政监督部门。评标报告应当包括以下内容:

①基本情况和数据表。

②评标委员会成员名单。

③开标记录。

④符合要求的投标一览表。

⑤废标情况说明。

⑥评标标准、评标方法或者评标因素一览表。

⑦经评审的价格一览表(包括评标委员会在评标过程中所形成的所有记载评标结果、结论的表格、说明、记录等文件)。

⑧经评审的投标人排序。

⑨推荐的中标候选人名单(如果招标文件中"投标人须知"前附表授权评标委员会直接确定中标人,则为"确定的中标人")与签订合同前要处理的事宜。

⑩澄清、说明或补正事项纪要。

四、工作过程

(一)根据×××学校实训大楼项目招标文件要求,填写"评标专家抽取申请表"(表 5-11)

表 5-11 评标专家抽取申请表
（工程施工类）

项目编号：_____　　　　　　　　　　日期：_____年_____月_____日

招标人	（盖章）	工程名称	
申办人	（签字）	联系电话	
开标时间	___年___月___日___时	计划评标开始时间	___年___月___日___时
计划评标时间	_____天	是否需要资深专家	□是　　□否
评标委员会人数	_____人	招标人代表　_____人　□技术　□经济　□其他 抽取专家　_____人　其中：技术类_____人 　　　　　　　　　　　　经济类_____人		
评标专家类别			
建筑工程	技术专家	□土建工程　　　　（_____人）　□钢结构工程　（_____人） □室内装饰装修工程（_____人）　□_____（_____人）	
	经济专家（工程造价）	□建　筑　（土建_____人/安装_____人）	
市政工程或电力工程	技术专家	□道路工程（_____人）　□桥梁工程（_____人）　□隧道工程　（_____人） □给水工程（_____人）　□排水工程（_____人）　□燃气工程　（_____人） □热能及供热工程　（_____人）　□_____（_____人）	
	经济专家（工程造价）	□市　政　（土建_____人/安装_____人）	
城市轨道交通工程	技术专家	□隧道、地下结构工程（_____人）　□桥涵工程　（_____人） □供电工程　　　　　（_____人）　□轨道工程　（_____人） □_____　　　　（_____人）　□_____（_____人）	
	经济专家（工程造价）	□城市轨道交通　（土建_____人/安装_____人）	
招标代理机构			
已确定的监理/施工单位			

注：后附法人代表授权委托书及受委托人身份证复印件。

(二)请将评标的工作程序绘制成思维导图(根据经评审的合理低价法的评标办法绘制)，要求图中包含完整的评标工作程序及该程序中简单的工作内容

(三)根据"评标结果汇总表"(表 5-12)的内容，完成中标候选人推荐

工程名称：×××学校实训大楼施工招标项目

表 5-12 评标结果汇总表

序号	投标人名称	投标报价（元）	初步评审			详细评审			备注
			资格审查是否合格	形式评审是否合格	响应性评审是否合格	技术标评审是否合格	商务标得分	企业信誉实力得分	由高到低排序投标人最终得分（满分100分）=投标人的商务标得分+企业信誉实力得分	
1	A	42 178 438.12	合格	合格	合格	合格	98.965	0.025	98.990	
2	B	41 851 164.25	合格	合格	合格	不合格				项目管理机构中的人员配置不符合招标文件要求
3	C	41 234 791.33	合格	合格	合格	合格	98.995	0.33	99.325	
4	D	40 974 687.47	合格	合格	不合格					工期没有响应招标文件
5	E	41 135 698.81	合格	合格	合格	合格	98.992	0.5	99.492	
6	F	41 357 913.62	合格	合格	合格	合格	98.998	0	98.998	

最终推荐的中标候选人及其排序：

第一名：

第二名：

第三名：

评标委员会全体成员签名： 日期： 年 月 日

五、工作评价与小结

(一)工作评价(表5-13)

表5-13 工作评价

评价项目		评价标准	自我评价	小组评价	教师评价
职业素养	工作态度(10分)	积极主动承担工作任务的得10分;对分配的工作任务有推诿现象的得6~8分;拒绝承担工作任务的得0分			
	团队协作(10分)	有较强的团队合作意识,服从小组长的任务分配,并能协助团队成员共同完成工作任务的得10分;有团队合作意识,服从小组长的任务分配,能配合其他成员完成工作任务的得6~8分;完全没有团队意识,不服从任务分配的得0分			
	工作效率(10分)	在要求的时间内完成工作任务的得10分;在要求的时间内完成工作任务60%以上的得6~8分;在要求的时间内完成工作任务40%以下的得2~4分			
	工作作风(10分)	工作严肃认真细致,字迹清晰工整,辨认无误的得10分;工作严肃认真,字迹清晰,辨认无误,但存在少量错误(0~5处)的得6~8分;工作粗心,字迹潦草,辨认不清,存在较多错误(5处以上)的得2~4分			
	工作考勤(10分)	工作不迟到、不早退、不缺勤得10分;迟到、早退一次扣1分,缺勤一次扣2分,扣完为止			
专业能力	专业技能(30分)	能够按招标文件要求完成"评标专家抽取申请表"的得10分(申请表中内容填写错误一项扣1分,扣完为止);能够按要求绘制评标程序思维导图的得15分(绘制内容少/错一项扣1分,扣完为止);能够正确推选中标候选人的得5分(中标候选人推选错误一家扣2分,扣完为止)(本项得分为以上得分的合计)			
	专业知识(10分)	能按任务目标中的要求全部了解、熟悉、掌握的得10分;了解、熟悉、掌握60%以上的得7分;了解、熟悉、掌握60%以下的得4分			
	沟通能力(10分)	能够耐心听取他人的意见和建议,并顺畅、清晰地表达自己的观点,能就某一事项与他人顺利达成共识的得10分;能顺畅、清晰地表达自己的观点,但不善于听取他人的意见和建议,与他人达成共识有一定困难的得6~8分;既不能耐心听取他人的意见和建议,也无法清晰地表达自己的观点,始终无法与他人达成共识的得0~4分			
合计(100分)					
得分					

注:①自我评价占30%,小组评价占30%,教师评价占40%。
②学生个人最终得分=自我评价×30%+小组评价×30%+教师评价×40%。

（二）工作小结

①作为招标代理机构,请列出评标前应为评标工作做哪些准备?

②在评标会议中,你认为作为招标代理机构的工作人员能进入评标室吗?为什么?

③本部分的任务目标中,你认为还有哪些是你没有掌握的?

六、知识拓展

招标文件中
评标办法附件

项目六　中标及备案

任务一　中标候选人公示及中标公告

一、任务目标

(一)目标分析(表6-1)

表6-1　目标分析

知识与技能目标	①熟悉中标候选人公示和中标公告的内容、格式； ②能够独立完成中标候选人公示及中标公告的编写
过程与方法目标	在完成实际项目工作任务的情境下,模拟招标人(招标代理)的工作过程,通过网络自主学习、小组合作学习的方式,利用已掌握的招标投标法律知识,完成相关知识的学习,最终能编制招标项目的中标候选人公示和中标公告
情感与态度目标	①积极思考,培养自主学习的意识； ②培养团队协作的能力,提高统筹能力和沟通能力； ③养成认真细致、务实严谨的工作作风

(二)工作任务描述

明确中标候选人公示和中标公告的格式,根据相关法律法规要求和招标项目情况,完成中标候选人公示和中标公告的编制。

二、工作准备

(一)工作组织

分小组完成工作任务,由小组长分配学习任务,组员根据分配到的任务,通过回顾所学知识、资料查询等方式,完成学习任务;组内分享讨论,将自己了解的知识分享给其他组员,共同完成工作任务。

（二）资料准备

中标候选人公示和中标公告的范本等。

（三）知识准备

完成"三、学习内容"的学习。

三、学习内容

（一）中标候选人公示

评标工作完成后，按照招标程序，应当进行中标候选人公示。公示无异议后，发布中标公告，并向中标人发送中标通知书。

1. 相关法律规定

《招标投标法实施条例》第五十四条规定，依法必须进行招标的项目，招标人应当自收到评标报告之日起3日内公示中标候选人，公示期不得少于3日。投标人或者其他利害关系人对依法必须进行招标的项目的评标结果有异议的，应当在中标候选人公示期间提出。招标人应当自收到异议之日起3日内作出答复；作出答复前，应当暂停招标投标活动。

2. 公示内容

《招标公告和公示信息发布管理办法》第六条规定，依法必须招标项目的中标候选人公示应当载明以下内容：

①中标候选人排序、名称、投标报价、质量、工期（交货期）以及评标情况。

②中标候选人按照招标文件要求承诺的项目负责人姓名及其相关证书名称和编号。

③中标候选人响应招标文件要求的资格能力条件。

④提出异议的渠道和方式。

⑤招标文件规定公示的其他内容。

3. 中标候选人公示示例

××区×××村大桥建设工程中标候选人公示示例

项目名称	××区×××村大桥建设工程	招标编号	YBZB2020-G2-GL001
建设单位	××市××区交通运输局		
招标类别	■委托招标　□自行招标	招标方式	■公开招标　□邀请招标
招标代理机构	HNYB工程建设咨询有限公司		
结构类型及规模	拟建规模为4 m×25 m装配式预应力混凝土连续小箱梁，建设范围全长599.068 m（其中桥梁长度108.5 m，引道长度为490.568 m），桥梁宽8 m，净宽7 m，两侧为2 m×0.5 m防挡墙。引道采用四级公路技术标准，路基宽为6.5 m，设计时速为20 km/h，水泥混凝土路面。项目建设内容为桥涵工程和引道路基、路面工程及相关附属工程。（具体内容以招标工程量清单及施工设计图纸内容为准）		
开标时间	2020年3月17日	开标地点	××市公共资源交易中心（××市西城中路69号西辅楼四楼2号开标厅）

续表

公示开始时间		2020年3月20日	公示截止时间	2020年3月25日
拟中标人		湖南JM路桥工程有限公司		
中标候选人情况	第一中标候选人	单位名称	湖南JM路桥工程有限公司	
		单位资质	公路工程施工总承包叁级	
		投标报价	5 045 872.00元	
		承诺工期	365日历日	承诺质量	合格
		安全目标	杜绝重特大事故的发生,遏制较大事故的发生,减少一般事故的发生	
		项目经理	张××(湘24313142××××)	
		项目总工	姜××(湘交安B(15)G30×××)	
		企业业绩	××县县道×014线光塘大桥桥梁工程	
	第二中标候选人	单位名称	广西JL投资建设有限公司	
		单位资质	公路工程施工总承包贰级	
		投标报价	5 088 004.00元	
		承诺工期	365日历日	承诺质量	合格
		安全目标	杜绝重特大事故的发生,遏制较大事故的发生,减少一般事故的发生	
		项目经理	覃××(桂24512122××××)	
		项目总工	陈××(桂建安B(2009)0003×××)	
		企业业绩	××县屏山大桥工程	
	第三中标候选人	单位名称	ZC交通建设集团有限公司	
		单位资质	公路工程施工总承包贰级	
		投标报价	5 108 816.00元	
		承诺工期	365日历日	承诺质量	合格
		安全目标	杜绝重特大事故的发生,遏制较大事故的发生,减少一般事故的发生	
		项目经理	舒××(赣13615××××685)	
		项目总工	许××(赣交安B(16)G3×××6)	
		企业业绩	××市××线公路大中修工程、××市塔桥至林家油路改建工程	
被否决投标或不合格的投标人名称、否决原因及其依据		桂林TF工程建设有限公司投标单位的投标文件因其财务最低要求不满足资格审查条件而未通过资格条件评审		
公示媒介		本次公示同时在中国招标投标公共服务平台、广西壮族自治区招标投标公共服务平台、桂林市交通运输局、桂林市公共资源交易中心发布		
质疑和投诉		投诉人或者其他利害关系人对依法必须进行招标的项目的评标结果有异议的,应当在中标候选人公示期间向招标人提出。对招标人答复不满意或招标人拒不答复的,请在公示开始之日起10日内按规定向有关行政监督部门投诉,逾期不予受理		
投诉受理部门		××市交通运输局	投诉受理电话	0773-568××××

(二)发布中标公告

1.确定中标人的原则

国有资金占控股或者主导地位的项目,招标人应当确定排名第一的中标候选人为中标人。排名第一的中标候选人放弃中标、因不可抗力提出不能履行合同,或者招标文件规定应当提交履约保证金而在规定的期限内未能提交,或者被查实存在影响中标结果的违法行为等情形,不符合中标条件的,招标人可以按照评标委员会提出的中标候选人名单排序依次确定其他中标候选人为中标人。依次确定其他中标候选人与招标人预期差距较大,或者对招标人明显不利的,招标人可以重新招标。招标人可以授权评标委员会直接确定中标人。国务院对中标人的确定另有规定的,从其规定。

若公示期内对公示结果无异议,招标人则根据以上原则确定中标人,编制和发布中标公告。

依法必须招标项目的中标结果公示应当载明中标人名称。

2.中标公告示例

××区×××村大桥建设工程中标公告示例

项目名称	××区×××村大桥建设工程			
招标备案编号	YBZB2020-G2-GL001			
招标人	××市××区交通运输局			
招标代理机构	HNYB 工程建设咨询有限公司			
招标类别	■委托招标 □自行招标	招标方式	■公开招标 □邀请招标	
中标范围	拟建规模为 4 m×25 m 装配式预应力混凝土连续小箱梁,建设范围全长 599.068 m(其中桥梁长度 108.5 m,引道长度为 490.568 m),桥梁宽 8 m,净宽 7 m,两侧为 2 m×0.5 m 防挡墙。引道采用四级公路技术标准,路基宽为 6.5 m,设计时速为 20 km/h,水泥混凝土路面。项目建设内容为桥涵工程和引道路基、路面工程及相关附属工程。(具体内容以招标工程量清单及施工设计图纸内容为准)			
开标时间	2020 年 3 月 17 日	开标地点	××市公共资源交易中心(××市西城中路 69 号西辅楼四楼 2 号开标厅)	
中标人	湖南 JM 路桥工程有限公司	中标通知书签署时间	2020 年 3 月 26 日	
中标价	5 045 872.00 元			
工期	365 日历天	质量等级	合格	
工程安全目标	杜绝重特大事故的发生,遏制较大事故的发生,减少一般事故的发生			
主要人员	姓名		注册编号	备注
项目经理	张××		湘 24313142××××	

续表

项目总工	姜××	湘交安 B(15)G30×××	
公告媒介	本次公告同时在中国招标投标公共服务平台、广西壮族自治区招标投标公共服务平台、桂林市交通运输局、桂林市公共资源交易中心发布		
公告日期	2020 年 3 月 26 日		

四、工作过程

（一）利用手机或计算机，进入当地建设工程交易中心或公共资源交易中心网站，查询并阅读同一建筑工程施工招标项目的中标候选人公示及中标公告，回答下列问题

①该施工招标项目名称为_____，该项目开标时间为_____。

②该项目中标候选人公示的时间为_____年___月___日至_____年___月___日。

③该项目中标候选人为_____

_____。

④该项目中标人为_____。

⑤该项目中标候选人公示及中标公告发布的媒体有_____

_____。

（二）回顾×××学校实训大楼施工招标项目招标、开标、评标过程，回答下列问题

①本项目招标人名称为_____。本项目招标范围是_____

_____。

②本项目开标时间为_____年___月___日___时___分。

③本项目评标结果中，排名前三的投标人分别为_____

_____。

④本项目招标公告发布的媒体有_____

_____。

⑤本项目中标候选人公示时间为_____年___月___日至_____年___月___日。

（三）根据×××学校实训大楼施工招标项目的招标、开标、评标情况，完成中标候选人公示（表 6-2）及中标公告（表 6-3）

表 6-2　×××学校实训大楼施工招标项目中标候选人公示

项目名称		项目招标编号	
招标人			
建设单位			
招标类别	□委托招标　　□自行招标	招标方式	□公开招标　　□邀请招标
招标代理机构			

续表

结构类型及规模					
开标时间			开标地点		
公示开始时间		年 月 日	公示截止时间		年 月 日
拟中标人					
中标候选人情况	第一中标候选人	单位名称			
		单位资质			
		投标报价			
		工期		质量等级	
		项目经理			
		专职安全员			
	第二中标候选人	单位名称			
		单位资质			
		投标报价			
		工期		质量等级	
		项目经理			
		专职安全员			
	第三中标候选人	单位名称			
		单位资质			
		投标报价			
		工期		质量等级	
		项目经理			
		专职安全员			
被否决投标或不合格的投标人名称、否决原因及其依据					
其他公示内容(如有)					
公示媒介					
异议和投诉	投标人或者其他利害关系人对评标结果有异议的,应当在中标候选人公示期间提出,招标人应当自收到异议之日起 3 日内作出答复;若招标人拒不答复或认为招标人答复内容不符合法律、法规和规章规定或认为权益受到侵害的,请在自知道或应当知道之日起 10 日内向投诉受理部门提出书面投诉书,逾期不予受理。若招标人对项目评标结果有异议的,可在公示开始日起 10 日内直接向投诉受理部门提交书面投诉书				
投诉受理部门			投诉受理电话		

表6.3 ×××学校实训大楼施工招标项目中标公告

项目名称					
招标备案编号					
招标人					
招标代理机构					
招标类别	□委托招标	□自行招标	招标方式	□公开招标	□邀请招标
中标范围					
开标时间	年 月 日		开标地点		
中标人			中标通知书签署时间		
中标价					
工期			质量等级		
主要人员	姓名		注册编号		备注
项目经理					
专职安全员					
公告媒介					
公告日期	年 月 日				

五、工作评价与小结

（一）工作评价（表6-4）

表6-4 工作评价

评价项目		评价标准	自我评价	小组评价	教师评价
职业素养	工作态度（10分）	积极主动承担工作任务的得10分；对分配的工作任务有推诿现象的得6~8分；拒绝承担工作任务的得0分			
	团队协作（10分）	有较强的团队合作意识，协助团队成员共同完成工作任务的得10分；有团队合作意识，能配合其他成员完成工作任务的得6~8分；完全没有团队意识的得0分			
	工作效率（10分）	在要求的时间内完成工作任务的得10分；在要求的时间内完成工作任务60%以上的得6~8分；在要求的时间内完成工作任务40%以下的得2~4分			
	工作作风（10分）	工作严肃认真细致，字迹工整，没有因粗心犯错和写错别字的得10分；工作严肃认真，字迹工整，没有因粗心犯错但有少量错别字的得6~8分；工作粗心，字迹潦草，工作存在失误的得2分			
	工作考勤（10分）	工作不迟到、不早退、不缺勤得10分；迟到、早退一次扣1分，缺勤一次扣2分，扣完为止			
专业能力	专业技能（40分）	能够按要求完成中标候选人公示填写的得20分；能够按要求完成中标公告填写的得20分（填写内容错误一处扣2分，扣完为止，本项得分为以上得分合计）			
	专业知识（5分）	能按任务目标中的要求全部了解、熟悉、掌握的得5分；了解、熟悉、掌握60%以上的得3分；了解、熟悉、掌握60%以下的得1分			
	沟通能力（5分）	能够耐心听取他人的意见和建议，并顺畅、清晰地表达自己的观点，能就某一事项与他人顺利达成共识的得5分；能顺畅、清晰地表达自己的观点，但不善于听取他人的意见和建议，与他人达成共识有一定困难的得2~3分；既不能耐心听取他人的意见和建议，也无法清晰地表达自己的观点，始终无法与他人达成共识的得1分			
合计（100分）					
得分					

注：①自我评价占30%，小组评价占30%，教师评价占40%。
②学生个人最终得分=自我评价×30%+小组评价×30%+教师评价×40%。

(二)工作小结

①中标候选人公示最少公示多少天?公示期从哪一天起算?

②请总结一下中标候选人公示中的主要内容有哪些?

③请总结一下编制中标候选人公示和中标公告的工作过程。

④本部分的任务目标中,你认为还有哪些是你没有掌握的?

任务二　中标通知书

一、任务目标

(一)目标分析(表 6-5)

表 6-5　目标分析

知识与技能目标	①熟悉中标通知书的主要内容及格式; ②能根据项目评标及中标候选人公示情况,独立完成中标通知书的编写
过程与方法目标	在完成实际项目工作任务的情境下,模拟招标人(招标代理)的工作过程,通过网络自主学习、小组合作学习的方式,利用已掌握的招标投标法律知识,完成相关知识的学习,最终能编制招标项目的中标通知书
情感与态度目标	①积极思考,培养自主学习的意识; ②培养团队协作的能力,提高统筹能力和沟通能力; ③养成认真细致、务实严谨的工作作风

(二)工作任务描述

明确中标通知书的格式,根据相关法律法规要求和招标项目情况,完成中标通知书的编制。

二、工作准备

(一)工作组织

分小组完成工作任务,由小组长分配学习任务,组员根据分配到的任务,通过回顾所学知识、资料查询等方式,完成学习任务;组内分享讨论,将自己了解的知识分享给其他组员,共同完成工作任务。

(二)资料准备

评标报告、中标公告等。

(三)知识准备

完成"三、学习内容"的学习。

三、学习内容

(一)中标通知书的作用

中标人确定后,招标人应当向中标人发出中标通知书,并同时将中标结果通知所有未中标的投标人。中标通知书是招标人在确定中标人后,向中标人发出的通知其中标的书面凭证。

(二)中标通知书的内容

中标通知书的内容应当简明扼要,只要告知中标人招标项目已经由其中标,并确定签订合同的时间、地点即可。

中标通知书主要内容应包括中标工程名称、中标价格、工程范围、工期、开工及竣工日期、质量等级等。对所有未中标的投标人也应当同时给予通知。

四、工作过程

根据×××学校实训大楼施工招标项目的评标结果、中标候选人公示及中标公告的内容,编写中标通知书,见表6-6。

表6-6 ×××学校实训大楼施工项目中标通知书

项目招标编号:_____

建设单位	
中标单位	
招标代理机构	
项目名称	
工程地址	
中标范围	

续表

建设单位				
结构类型			工程规模	
项目经理		注册专业、等级及注册编号		身份证号
技术负责人及证书编号			专职安全员及安全生产考核合格证书编号、身份证号（全部）	
中标主要条件	中标价		主要材料	钢筋
	工期			水泥
	质量			商品混凝土
	其中:安全文明施工措施费:			
建设单位： （盖单位公章） 法定代表人： （签字或盖章） 　　　　　年　月　日			招标代理机构： （盖单位公章） 法定代表人： （签字或盖章） 　　　　　年　月　日	
备注	中标人在收到中标通知书后，须在_____日内向招标人足额提交履约保证金，否则招标人可以取消其中标资格。招标人和中标人应当在投标有效期内以及中标通知书发出之日起 30 天内，根据招标文件和中标人的投标文件订立书面合同			

五、工作评价与小结

（一）工作评价（表 6-7）

表 6-7　工作评价

评价项目		评价标准	自我评价	小组评价	教师评价
职业素养	工作态度（10 分）	积极主动承担工作任务的得 10 分；对分配的工作任务有推诿现象的得 6~8 分；拒绝承担工作任务的得 0 分			
	团队协作（10 分）	有较强的团队合作意识，协助团队成员共同完成工作任务的得 10 分；有团队合作意识，能配合其他成员完成工作任务的得 6~8 分；完全没有团队意识的得 0 分			

续表

评价项目		评价标准	自我评价	小组评价	教师评价
职业素养	工作效率（10分）	在要求的时间内完成工作任务的得10分；在要求的时间内完成工作任务60%以上的得6~8分；在要求的时间内完成工作任务40%以下的得2~4分			
	工作作风（10分）	工作严肃认真细致，字迹工整，没有因粗心犯错和写错别字的得10分；工作严肃认真，字迹工整，没有因粗心犯错但有少量错别字的得6~8分；工作粗心，字迹潦草，工作存在失误的得2分			
	工作考勤（10分）	工作不迟到、不早退、不缺勤得10分；迟到、早退一次扣1分，缺勤一次扣2分，扣完为止			
专业能力	专业技能（30分）	能够按照要求完成中标通知书填写的得30分（每错误一处扣1分，扣完为止）			
	专业知识（10分）	能按任务目标中的要求全部了解、熟悉、掌握的得10分；了解、熟悉、掌握60%以上的得6~8分；了解、熟悉、掌握60%以下的得0~4分			
	沟通能力（10分）	能够耐心听取他人的意见和建议，并顺畅、清晰地表达自己的观点，能就某一事项与他人顺利达成共识的得10分；能顺畅、清晰地表达自己的观点，但不善于听取他人的意见和建议，与他人达成共识有一定困难的得6~8分；既不能耐心听取他人的意见和建议，也无法清晰地表达自己的观点，始终无法与他人达成共识的得0~4分			
合计（100分）					
得分					

注：①自我评价占30%，小组评价占30%，教师评价占40%。
　　②学生个人最终得分＝自我评价×30%＋小组评价×30%＋教师评价×40%。

（二）工作小结

①请总结一下你所编制的中标通知书的主要内容有哪些？

②请总结一下你在编制中标通知书的过程中遇到了哪些困难？你是如何解决的？

③本部分的任务目标中,你认为还有哪些是你没有掌握的?

任务三　招标结果备案

一、任务目标

(一)目标分析(表6-8)

表6-8　目标分析

知识与技能目标	①熟悉招标投标情况书面报告的主要内容; ②能够根据项目招标、投标、开标、评标的情况及法律法规的要求,确定招标投标情况书面报告的内容
过程与方法目标	在完成实际项目工作任务的情境下,模拟招标人(招标代理)的工作过程,通过网络自主学习、小组合作学习的方式,完成相关知识的学习及工作任务
情感与态度目标	①积极思考,培养自主学习的意识; ②培养团队协作的能力,提高统筹能力和沟通能力; ③养成认真细致、务实严谨的工作作风

(二)工作任务描述

根据相关法律法规要求,回顾并整理项目招标、投标、开标及评标的实际情况,确定招标投标情况书面报告。

二、工作准备

(一)工作组织

分小组完成工作任务,由小组长分配学习任务,组员根据分配到的任务,通过回顾所学知识、资料查询等方式,完成学习任务;组内分享讨论,将自己了解的知识分享给其他组员,共同完成工作任务。

(二)资料准备

招标过程所需的所有资料。

(三)知识准备

完成"三、学习内容"的学习。

三、学习内容

(一) 招标投标情况书面报告时间要求

依法必须进行施工招标的工程,招标人应当自确定中标人之日起15日内,向工程所在地的县级以上地方人民政府建设行政主管部门提交施工招标投标情况的书面报告。

(二) 招标投标情况书面报告内容要求

《房屋建筑和市政基础设施工程施工招标投标管理办法》中规定,招标投标情况书面报告应当包括下列内容:

①施工招标投标的基本情况,包括施工招标范围、施工招标方式、资格审查、开评标过程和确定中标人的方式及理由等。

②相关的文件资料,包括招标公告或者投标邀请书、投标报名表、资格预审文件、招标文件、评标委员会的评标报告(设有标底的,应当附标底)、中标人的投标文件。委托工程招标代理的,还应附上工程施工招标代理委托合同。

四、工作过程

(一) 回顾×××学校实训大楼施工招标项目招标、投标、开标、评标的实际情况,回答下列问题

①本项目发出中标通知书时间为_____年_____月_____日。

②本项目的招标投标情况书面报告应当在_____年_____月_____日前递交到_____(行政监督管理部门名称)。

(二) 根据×××学校实训大楼施工招标项目的实际情况,确定本项目应当编入招标投标情况书面报告的内容,编制×××学校实训大楼施工招标项目招标投标情况书面报告的目录

×××学校实训大楼施工招标项目招标投标情况书面报告目录

五、工作评价与小结

(一) 工作评价 (表6-9)

表6-9　工作评价

评价项目		评价标准	自我评价	小组评价	教师评价
职业素养	工作态度 (10分)	积极主动承担工作任务的得10分；对分配的工作任务有推诿现象的得6~8分；拒绝承担工作任务的得0分			
	团队协作 (10分)	有较强的团队合作意识，协助团队成员共同完成工作任务的得10分；有团队合作意识，能配合其他成员完成工作任务的得6~8分；完全没有团队意识的得0分			
	工作效率 (10分)	在要求的时间内完成工作任务的得10分；在要求的时间内完成工作任务60%以上的得6~8分；在要求的时间内完成工作任务40%以下的得2~4分			
	工作作风 (10分)	工作严肃认真细致，字迹工整，没有因粗心犯错和写错别字的得10分；工作严肃认真，字迹工整，没有因粗心犯错但有少量错别字的得6~8分；工作粗心，字迹潦草，工作存在失误的得2分			
	工作考勤 (10分)	工作不迟到、不早退、不缺勤得10分；迟到、早退一次扣1分，缺勤一次扣2分，扣完为止			

续表

评价项目		评价标准	自我评价	小组评价	教师评价
专业能力	专业技能（30分）	能够正确填写招标结果备案时间及部门的得5分；能够正确编制招标投标情况书面报告目录的得25分			
	专业知识（10分）	能按任务目标中的要求全部了解、熟悉、掌握的得10分；了解、熟悉、掌握60%以上的得6~8分；了解、熟悉、掌握60%以下的得0~4分			
	沟通能力（10分）	能够耐心听取他人的意见和建议，并顺畅、清晰地表达自己的观点，能就某一事项与他人顺利达成共识的得10分；能顺畅、清晰地表达自己的观点，但不善于听取他人的意见和建议，与他人达成共识有一定困难的得6~8分；既不能耐心听取他人的意见和建议，也无法清晰地表达自己的观点，始终无法与他人达成共识的得2~4分			
合计(100分)					
得分					

注：①自我评价占30%，小组评价占30%，教师评价占40%。
②学生个人最终得分=自我评价×30%+小组评价×30%+教师评价×40%。

（二）工作小结

①招标投标情况书面报告的主要内容有哪些？

②你在编制招标投标情况书面报告目录时，遇到了什么问题？你是如何解决的？

③本部分的任务目标中，你认为还有哪些是你没有掌握的？

项目七　招标投标过程中的合同管理

任务一　招标文件中的施工合同编制

一、任务目标

（一）目标分析（表7-1）

表7-1　目标分析

知识与技能目标	①了解《标准施工招标文件》(2007年版)中第四章合同条款及格式的主要内容；了解《建设工程施工合同(示范文本)》(GF-2017-0201)的主要内容；能根据招标项目的需要，结合《标准施工招标文件》(2007年版)及《建设工程施工合同(示范文本)》(GF-2017-0201)的主要内容，完成施工招标文件中第四章内容的编制并保证内容的完整性； ②了解建筑施工合同的计价类型，能说出每种合同类型适用的范围，能说出每种合同类型的合同结算价款的计算方法； ③熟悉合同文件的构成及各文件之间的优先顺序，专用合同和通用合同之间的关系，专用合同的编制要求；能够根据招标人的要求，结合通用条款的规定，编制招标文件中的专用条款
过程与方法目标	在完成实际项目工作任务的情境下，模拟招标人(招标代理)的工作过程，通过自主学习、小组合作学习的方式，在教师的指导下，完成相关知识的学习，并完成招标文件中第四章专用合同的部分内容的编制
情感与态度目标	①积极思考，培养自主学习的意识； ②培养团队协作的能力； ③养成认真细致、务实严谨的工作作风

(二)工作任务描述

根据招标人的要求,完成招标文件第四章"合同条款及格式"中"专用合同条款"部分内容的编制。

二、工作准备

(一)工作组织

在教师的指导下,由小组长分配工作任务,组员根据分配到的任务,通过回顾所学知识、资料查询、观看微课视频等方式,完成学习任务;组内分享讨论,将自己了解的知识分享给其他组员,共同完成工作任务。

(二)资料准备

项目概况、投标人须知前附表。

(三)知识准备

完成"三、学习内容"的学习。

三、学习内容

(一)招标文件中合同条款的编制

《中华人民共和国民法典》中规定,建设工程合同应当采用书面形式。施工合同的内容包括工程范围、建设工期、中间交工工程的开工和竣工时间、工程质量、工程造价、技术资料交付时间、材料和设备供应责任、拨款和结算、竣工验收、质量保修范围和质量保证期、相互协作等条款。为了提高招标文件编制的效率,招标人可以采用《标准施工招标文件》,或者结合行业合同示范文本的合同条款编制招标项目的合同条款。

招标人在编制招标文件中的"建设工程施工合同"时,根据实际项目的特点和需要,对合同条款(专用条款)进行补充和细化。

1.《标准施工招标文件》(2007年版)中合同条款的主要内容

《标准施工招标文件》(2007年版)第四章"合同条款及格式"由通用合同条款、专用合同条款、合同附件格式三部分组成。

《标准施工招标文件》(2007年版)的合同条款包括:一般约定,发包人义务,监理人,承包人,材料和工程设备,施工设备和临时设施,交通运输,测量放线,施工安全、治安保卫和环境保护,进度计划,开工和竣工,暂停施工,工程质量,试验和检验,变更,价格调整,计量与支付,竣工验收,缺陷责任与保修责任,保险,不可抗力,索赔,争议的解决。

合同附件格式包括合同协议书格式、履约担保格式、预付款担保格式。

2.《房屋建筑和市政工程标准施工招标文件》(2010年版)

《房屋建筑和市政工程标准施工招标文件》(以下简称《行业标准施工招标文件》)是《标准施工招标文件》的配套文件,适用于一定规模以上,且设计和施工不是由同一承包人承担的房屋建筑和市政工程的施工招标。

《行业标准施工招标文件》第四章第一节"通用合同条款"和第二节"专用合同条款"(除

以空格标示的由招标人填空的内容和选择性内容外），均应不加修改地直接引用。填空内容由招标人根据国家和地方有关法律法规的规定以及招标项目具体情况确定。

合同附件格式包括合同协议书、承包人提供的材料和工程设备一览表、发包人提供的材料和工程设备一览表、预付款担保格式、履约担保格式、支付担保格式、质量保修书格式、廉政责任书格式等。

3.《建设工程施工合同(示范文本)》(GF-2017-0201)

《建设工程施工合同(示范文本)》(GF-2017-0201)由合同协议书、通用合同条款、专用合同条款三部分组成。

(1)合同协议书

合同协议书共计13条，主要包括：工程概况、合同工期、质量标准、签约合同价和合同价格形式、项目经理、合同文件构成、承诺以及合同生效条件等重要内容，集中约定了合同当事人基本的合同权利义务。

(2)通用合同条款

通用合同条款是合同当事人根据《中华人民共和国建筑法》《中华人民共和国民法典》等法律法规的规定，就工程建设的实施及相关事项，对合同当事人的权利义务作出的原则性约定。

通用合同条款共计20条，具体条款分别为：一般约定、发包人、承包人、监理人、工程质量、安全文明施工与环境保护、工期和进度、材料与设备、试验与检验、变更、价格调整、合同价格、计量与支付、验收和工程试车、竣工结算、缺陷责任与保修、违约、不可抗力、保险、索赔和争议解决。前述条款安排既考虑了现行法律法规对工程建设的有关要求，也考虑了建设工程施工管理的特殊需要。

(3)专用合同条款

专用合同条款是对通用合同条款原则性约定的细化、完善、补充、修改或另行约定的条款。合同当事人可以根据不同建设工程的特点及具体情况，通过双方的谈判、协商对相应的专用合同条款进行修改补充。在使用专用合同条款时，应注意以下事项：

①专用合同条款的编号应与相应的通用合同条款的编号一致；

②合同当事人可以通过对专用合同条款的修改，满足具体建设工程的特殊要求，避免直接修改通用合同条款；

③在专用合同条款中有横道线的地方，合同当事人可针对相应的通用合同条款进行细化、完善、补充、修改或另行约定；如无细化、完善、补充、修改或另行约定，则填写"无"或画"/"。

(二)建设工程施工合同计价类型

根据《建设工程工程量清单计价规范》(GB 50500—2013)的规定，建设工程施工合同可以分为总价合同、单价合同和成本加酬金合同3种类型。

1.单价合同

单价合同是发承包双方约定以工程量清单及其综合单价进行合同价款计算、调整和确认的建设工程施工合同。合同约定的工程价款中包含的工程量清单项目综合单价在约定条件内是固定的，不予调整；工程量清单项目综合单价在约定的条件外，允许调整，调整方式、方法在合同中约定。最终结算工程量以承包人完成合同工程应予计量的工程量确定。

实行工程量清单计价的工程,应采用单价合同方式。

2.总价合同

总价合同是发承包双方约定以施工图及其预算和有关条件进行合同价款计算、调整和确认的建设工程施工合同。当合同约定的工程施工内容和有关条件不发生变化时,合同价款总额就不变;当合同约定的工程施工内容和有关条件发生变化时,发承包双方根据变化情况和合同约定调整合同价款。

建设规模较小、技术难度较低、工期较短且施工图设计已审查批准的建设工程可采用总价合同。

3.成本加酬金合同

成本加酬金合同是发承包双方约定以施工工程成本再加合同约定酬金进行合同价款计算、调整和确认的建设工程施工合同。

紧急抢险、救灾以及施工技术特别复杂的建设工程可以采用成本加酬金合同。

成本加酬金合同有多种形式,主要有成本加固定费用合同、成本加固定比例费用合同、成本加奖金合同。

(三)《建设工程施工合同(示范文本)》(GF-2017-0201)通用合同条款摘录

1.一般约定

1.1 词语定义与解释

1.1.1 合同

1.1.1.1 合同:是指根据法律规定和合同当事人约定具有约束力的文件,构成合同的文件包括合同协议书、中标通知书(如果有)、投标函及其附录(如果有)、专用合同条款及其附件、通用合同条款、技术标准和要求、图纸、已标价工程量清单或预算书以及其他合同文件。

1.1.1.10 其他合同文件:是指经合同当事人约定与工程施工有关的具有合同约束力的文件或书面协议。合同当事人可以在专用合同条款中约定。

1.5 合同文件的优先顺序

组成合同的各项文件应互相解释,互为说明。除专用合同条款另有约定外,解释合同文件的优先顺序如下:

(1)合同协议书;

(2)中标通知书(如果有);

(3)投标函及其附录(如果有);

(4)专用合同条款及其附件;

(5)通用合同条款;

(6)技术标准和要求;

(7)图纸;

(8)已标价工程量清单或预算书;

(9)其他合同文件。

上述各项合同文件包括合同当事人就该项合同文件所作出的补充和修改,属于同一类内容的文件,应以最新签署的为准。

在合同订立及履行过程中形成的与合同有关的文件均构成合同文件组成部分,并根据其性质确定优先解释顺序。

1.13 工程量清单错误的修正

除专用合同条款另有约定外,发包人提供的工程量清单,应被认为是准确的和完整的。出现下列情形之一时,发包人应予以修正,并相应调整合同价格:

(1)工程量清单存在缺项、漏项的;

(2)工程量清单偏差超出专用合同条款约定的工程量偏差范围的;

(3)未按照国家现行计量规范强制性规定计量的。

7. 工期和进度

7.5 工期延误

7.5.1 因发包人原因导致工期延误

在合同履行过程中,因下列情况导致工期延误和(或)费用增加的,由发包人承担由此延误的工期和(或)增加的费用,且发包人应支付承包人合理的利润:

(1)发包人未能按合同约定提供图纸或所提供图纸不符合合同约定的;

(2)发包人未能按合同约定提供施工现场、施工条件、基础资料、许可、批准等开工条件的;

(3)发包人提供的测量基准点、基准线和水准点及其书面资料存在错误或疏漏的;

(4)发包人未能在计划开工日期之日起7天内同意下达开工通知的;

(5)发包人未能按合同约定日期支付工程预付款、进度款或竣工结算款的;

(6)监理人未按合同约定发出指示、批准等文件的;

(7)专用合同条款中约定的其他情形。

因发包人原因未按计划开工日期开工的,发包人应按实际开工日期顺延竣工日期,确保实际工期不低于合同约定的工期总日历天数。因发包人原因导致工期延误需要修订施工进度计划的,按照第7.2.2项〔施工进度计划的修订〕执行。

7.5.2 承包人原因导致工期延误

因承包人原因造成工期延误的,可以在专用合同条款中约定逾期竣工违约金的计算方法和逾期竣工违约金的上限。承包人支付逾期竣工违约金后,不免除承包人继续完成工程及修补缺陷的义务。

10. 变更

10.1 变更的范围

除专用合同条款另有约定外,合同履行过程中发生以下情形的,应按照本条约定进行变更:

(1)增加或减少合同中任何工作,或追加额外的工作;

(2)取消合同中任何工作,但转由他人实施的工作除外;

(3)改变合同中任何工作的质量标准或其他特性;

(4)改变工程的基线、标高、位置和尺寸;

(5)改变工程的时间安排或实施顺序。

10.2 变更权

发包人和监理人均可以提出变更。变更指示均通过监理人发出,监理人发出变更指示前应征得发包人同意。承包人收到经发包人签认的变更指示后,方可实施变更。未经许可,承包人不得擅自对工程的任何部分进行变更。

涉及设计变更的,应由设计人提供变更后的图纸和说明。如变更超过原设计标准或批准的建设规模时,发包人应及时办理规划、设计变更等审批手续。

10.3 变更程序

10.3.1 发包人提出变更

发包人提出变更的,应通过监理人向承包人发出变更指示,变更指示应说明计划变更的工程范围和变更的内容。

10.3.2 监理人提出变更建议

监理人提出变更建议的,需要向发包人以书面形式提出变更计划,说明计划变更工程范围和变更的内容、理由,以及实施该变更对合同价格和工期的影响。发包人同意变更的,由监理人向承包人发出变更指示。发包人不同意变更的,监理人无权擅自发出变更指示。

10.3.3 变更执行

承包人收到监理人下达的变更指示后,认为不能执行,应立即提出不能执行该变更指示的理由。承包人认为可以执行变更的,应当书面说明实施该变更指示对合同价格和工期的影响,且合同当事人应当按照第10.4款〔变更估价〕约定确定变更估价。

10.4 变更估价

10.4.1 变更估价原则

除专用合同条款另有约定外,变更估价按照本款约定处理:

(1)已标价工程量清单或预算书有相同项目的,按照相同项目单价认定;

(2)已标价工程量清单或预算书中无相同项目,但有类似项目的,参照类似项目的单价认定;

(3)变更导致实际完成的变更工程量与已标价工程量清单或预算书中列明的该项目工程量的变化幅度超过15%的,或已标价工程量清单或预算书中无相同项目及类似项目单价的,按照合理的成本与利润构成的原则,由合同当事人按照第4.4款〔商定或确定〕确定变更工作的单价。

10.4.2 变更估价程序

承包人应在收到变更指示后14天内,向监理人提交变更估价申请。监理人应在收到承包人提交的变更估价申请后7天内审查完毕并报送发包人,监理人对变更估价申请有异议,通知承包人修改后重新提交。发包人应在承包人提交变更估价申请后14天内审批完毕。发包人逾期未完成审批或未提出异议的,视为认可承包人提交的变更估价申请。

因变更引起的价格调整应计入最近一期的进度款中支付。

10.5 承包人的合理化建议

承包人提出合理化建议的,应向监理人提交合理化建议说明,说明建议的内容和理由,以及实施该建议对合同价格和工期的影响。

除专用合同条款另有约定外,监理人应在收到承包人提交的合理化建议后7天内审查完毕并报送发包人,发现其中存在技术上的缺陷,应通知承包人修改。发包人应在收到监理人报送的合理化建议后7天内审批完毕。合理化建议经发包人批准的,监理人应及时发出变更指示,由此引起的合同价格调整按照第10.4款〔变更估价〕约定执行。发包人不同意变更的,监理人应书面通知承包人。

合理化建议降低了合同价格或者提高了工程经济效益的,发包人可对承包人给予奖励,奖励的方法和金额在专用合同条款中约定。

10.6 变更引起的工期调整

因变更引起工期变化的,合同当事人均可要求调整合同工期,由合同当事人按照第4.4款〔商定或确定〕并参考工程所在地的工期定额标准确定增减工期天数。

10.7 暂估价

暂估价专业分包工程、服务、材料和工程设备的明细由合同当事人在专用合同条款中约定。

10.7.1 依法必须招标的暂估价项目

对于依法必须招标的暂估价项目,采取以下第1种方式确定。合同当事人也可以在专用合同条款中选择其他招标方式。

第1种方式:对于依法必须招标的暂估价项目,由承包人招标,对该暂估价项目的确认和批准按照以下约定执行:

(1)承包人应当根据施工进度计划,在招标工作启动前14天将招标方案通过监理人报送发包人审查,发包人应当在收到承包人报送的招标方案后7天内批准或提出修改意见。承包人应当按照经过发包人批准的招标方案开展招标工作;

(2)承包人应当根据施工进度计划,提前14天将招标文件通过监理人报送发包人审批,发包人应当在收到承包人报送的相关文件后7天内完成审批或提出修改意见;发包人有权确定招标控制价并按照法律规定参加评标;

(3)承包人与供应商、分包人在签订暂估价合同前,应当提前7天将确定的中标候选供应商或中标候选分包人的资料报送发包人,发包人应在收到资料后3天内与承包人共同确定中标人;承包人应当在签订合同后7天内,将暂估价合同副本报送发包人留存。

第2种方式:对于依法必须招标的暂估价项目,由发包人和承包人共同招标确定暂估价供应商或分包人的,承包人应按照施工进度计划,在招标工作启动前14天通知发包人,并提交暂估价招标方案和工作分工。发包人应在收到后7天内确认。确定中标人后,由发包人、承包人与中标人共同签订暂估价合同。

10.7.2 不属于依法必须招标的暂估价项目

除专用合同条款另有约定外,对于不属于依法必须招标的暂估价项目,采取以下第1种方式确定。

第1种方式:对于不属于依法必须招标的暂估价项目,按本项约定确认和批准:

(1)承包人应根据施工进度计划,在签订暂估价项目的采购合同、分包合同前28天向监理人提出书面申请。监理人应当在收到申请后3天内报送发包人,发包人应当在收到申请后14天内给予批准或提出修改意见,发包人逾期未予批准或提出修改意见的,视为该书面申请已获得同意;

(2)发包人认为承包人确定的供应商、分包人无法满足工程质量或合同要求的,发包人可以要求承包人重新确定暂估价项目的供应商、分包人;

(3)承包人应当在签订暂估价合同后 7 天内,将暂估价合同副本报送发包人留存。

第 2 种方式:承包人按照第 10.7.1 项〔依法必须招标的暂估价项目〕约定的第 1 种方式确定暂估价项目。

第 3 种方式:承包人直接实施的暂估价项目。

承包人具备实施暂估价项目的资格和条件的,经发包人和承包人协商一致后,可由承包人自行实施暂估价项目,合同当事人可以在专用合同条款约定具体事项。

10.7.3 因发包人原因导致暂估价合同订立和履行迟延的,由此增加的费用和(或)延误的工期由发包人承担,并支付承包人合理的利润。因承包人原因导致暂估价合同订立和履行迟延的,由此增加的费用和(或)延误的工期由承包人承担。

10.8 暂列金额

暂列金额应按照发包人的要求使用,发包人的要求应通过监理人发出。合同当事人可以在专用合同条款中协商确定有关事项。

10.9 计日工

需要采用计日工方式的,经发包人同意后,由监理人通知承包人以计日工计价方式实施相应的工作,其价款按列入已标价工程量清单或预算书中的计日工计价项目及其单价进行计算;已标价工程量清单或预算书中无相应的计日工单价的,按照合理的成本与利润构成的原则,由合同当事人按照第 4.4 款〔商定或确定〕确定计日工的单价。

采用计日工计价的任何一项工作,承包人应在该项工作实施过程中,每天提交以下报表和有关凭证报送监理人审查:

(1)工作名称、内容和数量;

(2)投入该工作的所有人员的姓名、专业、工种、级别和耗用工时;

(3)投入该工作的材料类别和数量;

(4)投入该工作的施工设备型号、台数和耗用台时;

(5)其他有关资料和凭证。

计日工由承包人汇总后,列入最近一期进度付款申请单,由监理人审查并经发包人批准后列入进度付款。

11. 价格调整

11.1 市场价格波动引起的调整

除专用合同条款另有约定外,市场价格波动超过合同当事人约定的范围,合同价格应当调整。合同当事人可以在专用合同条款中约定选择以下一种方式对合同价格进行调整:

第 1 种方式:采用价格指数进行价格调整。

(1)价格调整公式

因人工、材料和设备等价格波动影响合同价格时,根据专用合同条款中约定的数据,按以下公式计算差额并调整合同价格:

$$\Delta P = P_o \left[A + \left(B_1 \times \frac{F_{t1}}{F_{o1}} + B_2 \times \frac{F_{t2}}{F_{o2}} + B_3 \times \frac{F_{t3}}{F_{o3}} + \cdots + B_n \times \frac{F_{tn}}{F_{on}} \right) - 1 \right]$$

公式中:ΔP——需调整的价格差额;

P_0——约定的付款证书中承包人应得到的已完成工程量的金额,此项金额应不包括价格调整、不计质量保证金的扣留和支付、预付款的支付和扣回,约定的变更及其他金额已按现行价格计价的,也不计在内;

A——定值权重(即不调部分的权重);

$B_1,B_2,B_3,\cdots,B_n$——各可调因子的变值权重(即可调部分的权重),为各可调因子在签约合同价中所占的比例;

$F_{t1},F_{t2},F_{t3},\cdots,F_{tn}$——各可调因子的现行价格指数,指约定的付款证书相关周期最后一天的前42天的各可调因子的价格指数;

$F_{01},F_{02},F_{03},\cdots,F_{0n}$——各可调因子的基本价格指数,指基准日期的各可调因子的价格指数。

以上价格调整公式中的各可调因子、定值和变值权重,以及基本价格指数及其来源在投标函附录价格指数和权重表中约定,非招标订立的合同,由合同当事人在专用合同条款中约定。价格指数应首先采用工程造价管理机构发布的价格指数,无前述价格指数时,可采用工程造价管理机构发布的价格代替。

(2)暂时确定调整差额

在计算调整差额时无现行价格指数的,合同当事人同意暂用前次价格指数计算。实际价格指数有调整的,合同当事人进行相应调整。

(3)权重的调整

因变更导致合同约定的权重不合理时,按照第4.4款〔商定或确定〕执行。

(4)因承包人原因工期延误后的价格调整

因承包人原因未按期竣工的,对合同约定的竣工日期后继续施工的工程,在使用价格调整公式时,应采用计划竣工日期与实际竣工日期的两个价格指数中较低的一个作为现行价格指数。

第2种方式:采用造价信息进行价格调整。

合同履行期间,因人工、材料、工程设备和机械台班价格波动影响合同价格时,人工、机械使用费按照国家或省、自治区、直辖市建设行政管理部门、行业建设管理部门或其授权的工程造价管理机构发布的人工、机械使用费系数进行调整;需要进行价格调整的材料,其单价和采购数量应由发包人审批,发包人确认需调整的材料单价及数量,作为调整合同价格的依据。

(1)人工单价发生变化且符合省级或行业建设主管部门发布的人工费调整规定,合同当事人应按省级或行业建设主管部门或其授权的工程造价管理机构发布的人工费等文件调整合同价格,但承包人对人工费或人工单价的报价高于发布价格的除外。

(2)材料、工程设备价格变化的价款调整按照发包人提供的基准价格,按以下风险范围规定执行:

①承包人在已标价工程量清单或预算书中载明材料单价低于基准价格的:除专用合同条款另有约定外,合同履行期间材料单价涨幅以基准价格为基础超过5%时,或材料单价跌幅以在已标价工程量清单或预算书中载明材料单价为基础超过5%时,其超过部分据实调整。

②承包人在已标价工程量清单或预算书中载明材料单价高于基准价格的:除专用合同条

款另有约定外,合同履行期间材料单价跌幅以基准价格为基础超过5%时,材料单价涨幅以在已标价工程量清单或预算书中载明材料单价为基础超过5%时,其超过部分据实调整。

③承包人在已标价工程量清单或预算书中载明材料单价等于基准价格的:除专用合同条款另有约定外,合同履行期间材料单价涨跌幅以基准价格为基础超过±5%时,其超过部分据实调整。

④承包人应在采购材料前将采购数量和新的材料单价报发包人核对,发包人确认用于工程时,发包人应确认采购材料的数量和单价。发包人在收到承包人报送的确认资料后5天内不予答复的视为认可,作为调整合同价格的依据。未经发包人事先核对,承包人自行采购材料的,发包人有权不予调整合同价格。发包人同意的,可以调整合同价格。

前述基准价格是指由发包人在招标文件或专用合同条款中给定的材料、工程设备的价格,该价格原则上应当按照省级或行业建设主管部门或其授权的工程造价管理机构发布的信息价编制。

(3)施工机械台班单价或施工机械使用费发生变化超过省级或行业建设主管部门或其授权的工程造价管理机构规定的范围时,按规定调整合同价格。

第3种方式:专用合同条款约定的其他方式。

11.2　法律变化引起的调整

基准日期后,法律变化导致承包人在合同履行过程中所需要的费用发生除第11.1款〔市场价格波动引起的调整〕约定以外的增加时,由发包人承担由此增加的费用;减少时,应从合同价格中予以扣减。基准日期后,因法律变化造成工期延误时,工期应予以顺延。

因法律变化引起的合同价格和工期调整,合同当事人无法达成一致的,由总监理工程师按第4.4款〔商定或确定〕的约定处理。

因承包人原因造成工期延误,在工期延误期间出现法律变化的,由此增加的费用和(或)延误的工期由承包人承担。

12.合同价格、计量与支付

12.2　预付款

12.2.1　预付款的支付

预付款的支付按照专用合同条款约定执行,但至迟应在开工通知载明的开工日期7天前支付。预付款应当用于材料、工程设备、施工设备的采购及修建临时工程、组织施工队伍进场等。

除专用合同条款另有约定外,预付款在进度付款中同比例扣回。在颁发工程接收证书前,提前解除合同的,尚未扣完的预付款应与合同价款一并结算。

发包人逾期支付预付款超过7天的,承包人有权向发包人发出要求预付的催告通知,发包人收到通知后7天内仍未支付的,承包人有权暂停施工,并按第16.1.1项〔发包人违约的情形〕执行。

12.2.2　预付款担保

发包人要求承包人提供预付款担保的,承包人应在发包人支付预付款7天前提供预付款担保,专用合同条款另有约定除外。预付款担保可采用银行保函、担保公司担保等形式,具体由合同当事人在专用合同条款中约定。在预付款完全扣回之前,承包人应保证预付款担保持续有效。

发包人在工程款中逐期扣回预付款后,预付款担保额度应相应减少,但剩余的预付款担保金额不得低于未被扣回的预付款金额。

12.3 计量

12.3.1 计量原则

工程量计量按照合同约定的工程量计算规则、图纸及变更指示等进行计量。工程量计算规则应以相关的国家标准、行业标准等为依据,由合同当事人在专用合同条款中约定。

12.3.2 计量周期

除专用合同条款另有约定外,工程量的计量按月进行。

12.3.3 单价合同的计量

除专用合同条款另有约定外,单价合同的计量按照本项约定执行:

(1)承包人应于每月25日向监理人报送上月20日至当月19日已完成的工程量报告,并附具进度付款申请单、已完成工程量报表和有关资料。

(2)监理人应在收到承包人提交的工程量报告后7天内完成对承包人提交的工程量报表的审核并报送发包人,以确定当月实际完成的工程量。监理人对工程量有异议的,有权要求承包人进行共同复核或抽样复测。承包人应协助监理人进行复核或抽样复测,并按监理人要求提供补充计量资料。承包人未按监理人要求参加复核或抽样复测的,监理人复核或修正的工程量视为承包人实际完成的工程量。

(3)监理人未在收到承包人提交的工程量报表后的7天内完成审核的,承包人报送的工程量报告中的工程量视为承包人实际完成的工程量,据此计算工程价款。

12.4 工程进度款支付

12.4.1 付款周期

除专用合同条款另有约定外,付款周期应按照第12.3.2项〔计量周期〕的约定与计量周期保持一致。

15.缺陷责任与保修

15.1 工程保修的原则

在工程移交发包人后,因承包人原因产生的质量缺陷,承包人应承担质量缺陷责任和保修义务。缺陷责任期届满,承包人仍应按合同约定的工程各部位保修年限承担保修义务。

15.2 缺陷责任期

15.2.1 缺陷责任期从工程通过竣工验收之日起计算,合同当事人应在专用合同条款约定缺陷责任期的具体期限,但该期限最长不超过24个月。

单位工程先于全部工程进行验收,经验收合格并交付使用的,该单位工程缺陷责任期自单位工程验收合格之日起算。因承包人原因导致工程无法按合同约定期限进行竣工验收的,缺陷责任期从实际通过竣工验收之日起计算。因发包人原因导致工程无法按合同约定期限进行竣工验收的,在承包人提交竣工验收报告90天后,工程自动进入缺陷责任期;发包人未经竣工验收擅自使用工程的,缺陷责任期自工程转移占有之日起开始计算。

15.3 质量保证金

15.3.2 质量保证金的扣留

发包人累计扣留的质量保证金不得超过工程价款结算总额的3%。如承包人在发包人签发竣工付款证书后 28 天内提交质量保证金保函,发包人应同时退还扣留的作为质量保证金的工程价款;保函金额不得超过工程价款结算总额的 3%。

发包人在退还质量保证金的同时按照中国人民银行发布的同期同类贷款基准利率支付利息。

15.3.3 质量保证金的退还

缺陷责任期内,承包人认真履行合同约定的责任,到期后,承包人可向发包人申请返还保证金。

发包人在接到承包人返还保证金申请后,应于 14 天内会同承包人按照合同约定的内容进行核实。如无异议,发包人应当按照约定将保证金返还给承包人。对返还期限没有约定或者约定不明确的,发包人应当在核实后 14 天内将保证金返还承包人,逾期未返还的,依法承担违约责任。发包人在接到承包人返还保证金申请后 14 天内不予答复,经催告后 14 天内仍不予答复,视同认可承包人的返还保证金申请。

发包人和承包人对保证金预留、返还以及工程维修质量、费用有争议的,按本合同第 20 条约定的争议和纠纷解决程序处理。

15.4 保修

15.4.1 保修责任

工程保修期从工程竣工验收合格之日起算,具体分部分项工程的保修期由合同当事人在专用合同条款中约定,但不得低于法定最低保修年限。在工程保修期内,承包人应当根据有关法律规定以及合同约定承担保修责任。

发包人未经竣工验收擅自使用工程的,保修期自转移占有之日起算。

20. 争议解决

20.1 和解

合同当事人可以就争议自行和解,自行和解达成协议的经双方签字并盖章后作为合同补充文件,双方均应遵照执行。

20.2 调解

合同当事人可以就争议请求建设行政主管部门、行业协会或其他第三方进行调解,调解达成协议的,经双方签字并盖章后作为合同补充文件,双方均应遵照执行。

20.3 争议评审

合同当事人在专用合同条款中约定采取争议评审方式解决争议以及评审规则,并按下列约定执行。

20.3.1 争议评审小组的确定

合同当事人可以共同选择一名或三名争议评审员,组成争议评审小组。除专用合同条款另有约定外,合同当事人应当自合同签订后 28 天内,或者争议发生后 14 天内,选定争议评审员。

选择一名争议评审员的,由合同当事人共同确定;选择三名争议评审员的,各自选定一名,第三名成员为首席争议评审员,由合同当事人共同确定或由合同当事人委托已选定的争议评审员共同确定,或由专用合同条款约定的评审机构指定第三名首席争议评审员。

除专用合同条款另有约定外,评审员报酬由发包人和承包人各承担一半。

20.3.2 争议评审小组的决定

合同当事人可在任何时间将与合同有关的任何争议共同提请争议评审小组进行评审。争议评审小组应秉持客观、公正原则,充分听取合同当事人的意见,依据相关法律、规范、标准、案例经验及商业惯例等,自收到争议评审申请报告后 14 天内作出书面决定,并说明理由。合同当事人可以在专用合同条款中对本项事项另行约定。

20.3.3 争议评审小组决定的效力

争议评审小组作出的书面决定经合同当事人签字确认后,对双方具有约束力,双方应遵照执行。

任何一方当事人不接受争议评审小组决定或不履行争议评审小组决定的,双方可选择采用其他争议解决方式。

20.4 仲裁或诉讼

因合同及合同有关事项产生的争议,合同当事人可以在专用合同条款中约定以下一种方式解决争议:

(1)向约定的仲裁委员会申请仲裁;

(2)向有管辖权的人民法院起诉。

20.5 争议解决条款效力

合同有关争议解决的条款独立存在,合同的变更、解除、终止、无效或者被撤销均不影响其效力。

四、工作过程

根据项目实际情况及招标人的要求,将以下节选的合同专用条款的内容设置完整。

第四章 合同格式及条款
第二节 专用合同条款

1.一般约定

1.1 词语定义

1.1.1 合同

1.1.1.10 其他合同文件包括:_____
_____
_____。

1.5 合同文件的优先顺序

合同文件组成及优先顺序为:(1)合同协议书;
_____
_____
_____

1.13 工程量清单错误的修正

出现工程量清单错误时,是否调整合同价格:_____。

允许调整合同价格的工程量偏差范围:_____
_____。

7.工期和进度

7.5 工期延误

7.5.1 因发包人原因导致工期延误

(7)因发包人原因导致工期延误的其他情形:_____
_____。

7.5.2 因承包人原因导致工期延误

因承包人原因造成工期延误,逾期竣工违约金的计算方法为:_____
_____。

因承包人原因造成工期延误,逾期竣工违约金的上限:_____
_____。

10.变更

10.1 变更的范围

关于变更的范围的约定:_____
_____。

10.4 变更估价

10.4.1 变更估价原则

关于变更估价的约定:_____
_____。

11.价格调整

11.1 市场价格波动引起的调整

市场价格波动是否调整合同价格的约定:_____。

因市场价格波动调整合同价格,采用以下第_____种方式对合同价格进行调整:

第1种方式:采用价格指数进行价格调整。

关于各可调因子、定值和变值权重,以及基本价格指数及其来源的约定:_____;

第2种方式:采用造价信息进行价格调整。

(2)关于基准价格的约定:

专用合同条款:

①承包人在已标价工程量清单或预算书中载明的材料单价低于基准价格的:专用合同条款合同履行期间材料单价涨幅以基准价格为基础超过_____%时,或材料单价跌幅以已标价工程量清单或预算书中载明材料单价为基础超过_____%时,其超过部分据实调整。

②承包人在已标价工程量清单或预算书中载明的材料单价高于基准价格的:专用合同条款合同履行期间材料单价跌幅以基准价格为基础超过_____%时,材料单价涨幅以已标价工程量清单或预算书中载明材料单价为基础超过_____%时,其超过部分据实调整。

③承包人在已标价工程量清单或预算书中载明的材料单价等于基准单价的:专用合同条款合同履行期间材料单价涨跌幅以基准单价为基础超过±_____%时,其超过部分据实调整。

第3种方式:其他价格调整方式:_____
_____。

12.合同价格、计量与支付

12.2 预付款

12.2.1 预付款的支付

预付款支付比例或金额：_____。

预付款支付期限：_____。

预付款扣回的方式：_____。

12.2.2 预付款担保

承包人提交预付款担保的期限：_____。

预付款担保的形式为：_____。

12.3 计量

12.3.1 计量原则

工程量计算规则：_____。

12.3.2 计量周期

关于计量周期的约定：_____。

12.3.3 单价合同的计量

关于单价合同计量的约定：_____。

12.4 工程进度款支付

12.4.1 付款周期

关于付款周期的约定：_____。

15.缺陷责任期与保修

15.2 缺陷责任期

缺陷责任期的具体期限：_____
_____。

15.3 质量保证金

关于是否扣留质量保证金的约定：_____。

在工程项目竣工前,承包人按专用合同条款第 3.7 条提供履约担保的,发包人不得同时预留工程质量保证金。

15.3.1 承包人提供质量保证金的方式

质量保证金采用以下第_____种方式：

(1)质量保证金保函,保证金额为：_____;

(2)_____%的工程款；

(3)其他方式：_____。

15.3.2 质量保证金的扣留

质量保证金的扣留采取以下第_____种方式：

(1)在支付工程进度款时逐次扣留,在此情形下,质量保证金的计算基数不包括预付款的支付、扣回以及价格调整的金额；

(2)工程竣工结算时一次性扣留质量保证金；

(3)其他扣留方式：_____。

关于质量保证金的补充约定：_____
_____。

15.4 保修
15.4.1 保修责任
工程保修期为：_____
_____。

20. 争议解决
20.3 争议评审
合同当事人是否同意将工程争议提交争议评审小组决定：_____。
20.4 仲裁或诉讼
因合同及合同有关事项发生的争议，按下列第_____种方式解决：
（1）向_____仲裁委员会申请仲裁；
（2）向_____人民法院起诉。

五、工作评价与小结

（一）工作评价（表7-2）

表7-2 工作评价

评价项目		评价标准	自我评价	小组评价	教师评价
职业素养	工作态度（10分）	积极主动承担工作任务的得10分；服从工作任务分配的得6~8分；对分配的工作任务有推诿现象的得2~4分；拒绝承担工作任务的得0分			
	团队协作（10分）	有较强的团队合作意识，协助团队成员共同完成工作任务的得10分；有团队合作意识，能配合其他成员完成工作任务的得6~8分；完全没有团队意识的得0分			
	工作效率（10分）	在要求的时间内完成工作任务的得10分；在要求的时间内完成工作任务60%以上的得6~8分；在要求的时间内完成工作任务40%以下的得2~4分			
	工作作风（10分）	工作严肃认真细致，字迹工整，没有错别字，载明事项与项目相符，内容前后呼应的得10分；工作严肃认真，字迹工整，载明事项与项目有少量不符（3处以内），有少量错别字（3个以内）的得6~8分；工作认真，字迹较工整，载明事项与项目有部分不符（5处以内），有错别字（10个以内）的得2~4分；工作粗心，字迹潦草，工作存在较大失误的得1分			
	工作考勤（10分）	不迟到、不早退、不缺勤得10分；迟到、早退一次扣1分，缺勤一次扣2分，扣完为止			

续表

评价项目		评价标准	自我评价	小组评价	教师评价
专业能力	专业技能（40分）	能说出《标准施工招标文件》第四章合同条款及格式、《建设工程施工合同(示范文本)》(GF-2017-0201)的主要组成部分的得10分;能说出三种合同计价类型,并能说出每种计价类型的适用范围、结算价款计算方法的得10分;能够按要求完成专用合同条款部分内容的编制,内容符合招标人的要求的得20分,编制内容如果出现不符合要求的每处扣2分,扣完为止(本项得分为上述内容得分合计)			
	专业知识（5分）	能按任务目标中的要求全部了解、熟悉、掌握的得5分;了解、熟悉、掌握60%以上的得3分;了解、熟悉、掌握60%以下的得1分			
	沟通能力（5分）	能够耐心听取他人的意见和建议,并顺畅、清晰地表达自己的观点,能就某一事项与他人顺利达成共识的得5分;能顺畅、清晰地表达自己的观点,但不善于听取他人的意见和建议,与他人达成共识有一定困难的得2~3分;既不能耐心听取他人的意见和建议,也无法清晰地表达自己的观点,始终无法与他人达成共识的得1分			
合计(100分)					
得分					

注:①自我评价占30%,小组评价占30%,教师评价占40%。
②学生个人最终得分＝自我评价×30%＋小组评价×30%＋教师评价×40%。

(二)工作小结

①请写出建设工程施工合同的3种计价类型及每种计价类型的适用范围。

②请总结一下完成专用合同条款的过程。

③你觉得在完成专用合同条款的过程中有哪些困难?

④本部分的任务目标中,你认为还有哪些是你没有掌握的?

任务二　合同的签订

一、任务目标

(一) 目标分析 (表7-3)

表7-3　目标分析

知识与技能目标	①了解招标人与中标人签订合同的时间要求及程序； ②了解合同签订过程中的注意事项； ③了解合同签订完成后的工作任务； ④能够完成《建设工程施工合同(示范文本)》中合同协议书内容的编制
过程与方法目标	在完成实际项目工作任务的情境下，模拟招标人(招标代理)的工作过程，通过网络自主学习、小组合作学习的方式，学习相关知识并完成工作任务
情感与态度目标	①积极思考，培养自主学习的意识； ②培养团队协作的能力，提高统筹能力和沟通能力； ③养成认真细致、务实严谨的工作作风

(二) 工作任务描述

根据×××学校实训大楼施工项目招标投标情况及招标文件、中标人的投标文件的内容，完成合同协议书部分内容的编制。

二、工作准备

(一) 工作组织

分小组完成工作任务，由小组长分配学习任务，组员根据分配到的任务，通过回顾所学知识、资料查询等方式，完成学习任务；组内分享讨论，将自己了解的知识分享给其他组员，共同完成工作任务。

(二) 资料准备

招标过程的所有资料。

(三) 知识准备

完成"三、学习内容"的学习。

三、学习内容

(一) 签订合同的时间、形式及要求

《招标投标法》规定，招标人与中标人应当自中标通知书发出之日起30日之内，按照招标

文件和中标人的投标文件签订书面合同。招标人和中标人不得再行订立背离合同实质性内容的其他协议。《招标投标法实施条例》规定,招标人和中标人应当依照招标投标法和本条例的规定签订书面合同,合同的标的、价款、质量、履行期限等主要条款应当与招标文件和中标人的投标文件的内容一致。

中标人不与招标人订立合同的,投标保证金不予退还并取消其中标资格,给招标人造成的损失超过投标保证金数额的,应当对超过部分予以赔偿;没有提交投标保证金的,应当对招标人的损失承担赔偿责任。

招标人无正当理由不与中标人签订合同,给中标人造成损失的,招标人应当给予赔偿。

(二)合同签订的原则

招标人与中标人签订合同应当遵循以下原则:

1. 平等原则

合同当事人的法律地位平等,即享有民事权利和承担民事义务的资格是平等的,一方不得将自己的意志强加给另一方。

2. 自愿原则

合同当事人依法享有自愿订立合同的权利,不受任何单位和个人的非法干预。合同当事人有订立或者不订立合同的自由;有选择合同相对人、合同内容和合同形式的自由。

3. 公平原则

合同当事人应当遵循公平原则确定各方的权利和义务。

4. 诚实信用原则

合同当事人在订立合同、行驶权利、履行义务中,都应当遵循诚实信用原则。

5. 合法性原则

合同当事人在订立及履行合同时,合同的形式和内容等各构成要件必须符合法律的要求,符合国家强行性法律的要求,不违背社会公共利益,不扰乱社会经济秩序。

(三)合同签订的程序

1. 中标人按招标文件要求递交履约保证金

履约保证金的实质是履约担保,是指中标人或招标人为保证履行合同而向对方提交的担保。在招标投标实践中,常见的是中标人向招标人提交的履约担保。

招标文件中要求中标人提交履约保证金的,中标人应当按照招标文件要求的时间、形式和金额向招标人提交履约保证金。

2. 合同谈判

中标人与招标人在订立合同前,可就合同条款内容进行进一步的谈判,双方在不改变招标投标实质性内容的条件下,对非实质性差异的内容可以通过协商取得一致意见。

3. 签订合同

合同双方当事人就合同内容和条款协商达成一致后,在合同上盖章、签字。

(四)合同备案制度

合同备案,是指当事人签订合同后,还要将合同提交相关的主管部门登记,是行政监督管理部门为了管理和监督建设工程合同而采取的管理办法。合同备案并不是合同生效的条件。

在合同履行过程中如合同双方发生争议,以经过备案的合同内容为准。

各地行政主管部门对合同备案的要求不一致,合同签订后应按照当地的行政主管部门要求办理备案手续。

四、工作过程

(一)根据×××学校实训大楼施工招标项目招标的实际情况,回答下列问题

①本项目发出中标通知书的时间为_____年_____月_____日,因此,本项目完成合同签订的时间应为_____年_____月_____日前。

②×××学校实训大楼施工合同签订的双方应为_____
_____。

③×××学校实训大楼施工合同中的合同价应为_____。

(二)根据×××学校实训大楼施工招标项目招标文件、中标人的投标文件的内容,完成施工合同中合同协议书的编制与签订

第一部分 合同协议书

发包人(全称):_____

承包人(全称):_____

根据《中华人民共和国民法典》《中华人民共和国建筑法》及有关法律规定,遵循平等、自愿、公平和诚实信用的原则,双方就_____工程施工及有关事项协商一致,共同达成如下协议:

一、工程概况

1. 工程名称:_____。

2. 工程地点:_____。

3. 工程立项批准文号:_____。

4. 资金来源:_____。

5. 工程内容:_____。

群体工程应附《承包人承揽工程项目一览表》(附件1)。

6. 工程承包范围:_____
_____

二、合同工期

计划开工日期:_____年_____月_____日。(具体以发包人书面通知为准)

计划竣工日期:_____年_____月_____日。

工期总日历天数:_____天。工期总日历天数与根据前述计划开竣工日期计算的工期天数不一致的,以工期总日历天数为准。

三、质量标准

工程质量符合_____标准。

四、签约合同价与合同价格形式

1. 签约合同价为:

人民币(大写)_____(¥_____元);

其中：
(1)安全文明施工费：
人民币(大写)＿＿＿＿＿＿＿＿＿＿(¥＿＿＿＿＿元)；
(2)材料和工程设备暂估价金额：
人民币(大写)＿＿＿＿＿＿＿＿＿＿(¥＿＿＿＿＿元)；
(3)专业工程暂估价金额：
人民币(大写)＿＿＿＿＿＿＿＿＿＿(¥＿＿＿＿＿元)；
(4)暂列金额：
人民币(大写)＿＿＿＿＿＿＿＿＿＿(¥＿＿＿＿＿元)；
2.合同价格形式：＿＿＿＿＿＿＿＿＿。

五、项目经理
承包人项目经理：＿＿＿＿＿＿＿＿。

六、合同文件构成
本协议书与下列文件一起构成合同文件：
(1)中标通知书(如有)；
(2)投标函及其附录(如有)；
(3)专用合同条款及其附件；
(4)通用合同条款；
(5)技术标准和要求；
(6)已标价工程量清单或预算书；
(7)图纸；
(8)其他合同文件：招标文件及附件(含所有补充通知)。
在合同订立及履行过程中形成的与合同有关的文件均构成合同文件组成部分。
上述各项合同文件包括合同当事人就该项合同文件所作出的补充和修改，属于同一类内容的文件，应以最新签署的为准。专用合同条款及其附件须经合同当事人签字或盖章。

七、承诺
(1)发包人承诺按照法律规定履行项目审批手续、筹集工程建设资金并按照合同约定的期限和方式支付合同价款。
(2)承包人承诺按照法律规定及合同约定组织完成工程施工，确保工程质量和安全，不进行转包及违法分包，并在缺陷责任期及保修期内承担相应的工程维修责任。
(3)发包人和承包人通过招投标形式签订合同的，双方理解并承诺不再就同一工程另行签订与合同实质性内容相背离的协议。

八、词语含义
本协议书中词语含义与第二部分通用合同条款中赋予的含义相同。

九、签订时间
本合同于＿＿＿＿＿＿年＿＿＿月＿＿＿日签订。

十、签订地点
本合同在＿＿＿＿＿＿＿＿＿＿＿＿＿＿＿＿＿＿签订。

十一、补充协议

合同未尽事宜,合同当事人另行签订补充协议,补充协议是合同的组成部分。

十二、合同生效

本合同自_____生效。

十三、合同份数

本合同一式____份,均具有同等法律效力,发包人执____份,承包人执____份。

发包人:(公章)　　　　　　　　　　承包人:(公章)

法定代表人或其委托代理人:　　　　　法定代表人或其委托代理人:
(签字)　　　　　　　　　　　　　　(签字)

统一社会信用代码:_____　　统一社会信用代码:_____
地　　址:_____　　地　　址:_____
邮政编码:_____　　邮政编码:_____
法定代表人:_____　　法定代表人:_____
委托代理人:_____　　委托代理人:_____
电　　话:_____　　电　　话:_____
传　　真:_____　　传　　真:_____
电子信箱:_____　　电子信箱:_____
开户银行:_____　　开户银行:_____
账　　号:_____　　账　　号:_____

五、工作评价与小结

(一)工作评价(表 7-4)

表 7-4　工作评价

评价项目		评价标准	自我评价	小组评价	教师评价
职业素养	工作态度(10分)	积极主动承担工作任务的得 10 分;对分配的工作任务有推诿现象的得 6~8 分;拒绝承担工作任务的得 0 分			
	团队协作(10分)	有较强的团队合作意识,协助团队成员共同完成工作任务的得 10 分;有团队合作意识,能配合其他成员完成工作任务的得 6~8 分;完全没有团队意识的得 0 分			

续表

评价项目		评价标准	自我评价	小组评价	教师评价
职业素养	工作效率（10分）	在要求的时间内完成工作任务的得10分；在要求的时间内完成工作任务60%以上的得6~8分；在要求的时间内完成工作任务40%以下的得2~4分			
	工作作风（10分）	工作严肃认真细致，字迹工整，没有因粗心犯错和写错别字的得10分；工作严肃认真，字迹工整，没有因粗心犯错但有少量错别字的得6~8分；工作粗心，字迹潦草，工作存在失误的得2分			
	工作考勤（10分）	工作不迟到、不早退、不缺勤得10分；迟到、早退一次扣1分，缺勤一次扣2分，扣完为止			
专业能力	专业技能（30分）	能够按照要求完成合同协议书的编制的得30分（错误一处扣1分，扣完为止）			
	专业知识（10分）	能按任务目标中的要求全部了解、熟悉、掌握的得10分；了解、熟悉、掌握60%以上的得6~8分；了解、熟悉、掌握60%以下的得0~4分			
	沟通能力（10分）	能够耐心听取他人的意见和建议，并顺畅、清晰地表达自己的观点，能就某一事项与他人顺利达成共识的得10分；能顺畅、清晰地表达自己的观点，但不善于听取他人的意见和建议，与他人达成共识有一定困难的得6~8分；既不能耐心听取他人的意见和建议，也无法清晰地表达自己的观点，始终无法与他人达成共识的得2~4分			
		合计（100分）			
		得分			

注：①自我评价占30%，小组评价占30%，教师评价占40%。
②学生个人最终得分=自我评价×30%+小组评价×30%+教师评价×40%。

（二）工作小结

①招标人与中标人签订合同的时间有什么规定？

②合同签订的原则有哪些？

③你认为招标人与中标人在签订合同的过程中应该注意哪些事情?

④本部分的任务目标中,你认为还有哪些是你没有掌握的?

六、知识拓展

合同争议处理的方式

合同争议,是指合同当事人双方之间对合同订立和履行情况以及不履行合同的后果所产生的纠纷。在工程承包合同中,产生纠纷的原因十分复杂,一般归纳为合同订立引起的纠纷、合同履行中发生的纠纷、变更合同而产生的纠纷、解除合同而发生的纠纷等几个方面,具体有以下几个方面:

①合同订立不合法;
②合同条款不完整,内容不明确;
③合同主体不合法;
④合同主体诚信缺失。

合同争议解决的方式主要有以下几种:

1. 和解

和解是指争议的合同当事人,依据有关的法律规定和合同约定,在互谅互让的基础上,经过谈判和磋商,自愿对争议事项达成协议,从而解决合同争议的一种方法。

2. 调解

调解是争议当事人在第三方的主持下,通过其劝说引导,在互谅互让的基础上自愿达成协议以解决合同争议的一种方式。

在实践中,依调解人的不同,合同的调解有民间调解、仲裁机构调解和法庭调解3种。

3. 仲裁

仲裁是指发生争议的双方当事人,根据其在争议发生前或争议发生后所达成的协议,自愿将该争议提交中立的第三者进行裁判的争议解决制度和方式。

4. 诉讼

诉讼作为一种合同争议的解决方法,是指人民法院在当事人和其他诉讼参与人参加下,审理和解决民事案件的活动以及在这种活动中产生的各种民事关系的总和。

附录　教学案例

×××学校实训大楼

项目名称:×××学校实训大楼
建设地点:桂林市象山区
建设规模:新建实训大楼,建筑面积 5 845.6 m²,框架-剪力墙结构,地下 2 层,地下每层建筑面积 1 032.2 m²,地上 4 层,首层建筑面积 1 128.7 m²,檐口距地高度为 15.6 m。
合同估算价:4 800 万元
计划开工日期:合同签订完成后 60 日
要求工期:定额工期的 90%
建设单位:×××学校
招标代理单位:城建工程管理有限公司
资金来源:财政拨款 60%,自筹资金 40%
计划投资金额:1.5 亿人民币
立项文:市发改投资字〔2019〕×××号文
定点文:市规管〔2019〕×××号文
其他说明:

1.本项目采用委托招标、公开招标、资格后审形式。
2.本项目拟采用施工总承包方式,单价合同。
3.本项目无预付款,进度款的支付方式为:合同内进度款每月按实际完成的工程量支付已完工程量的 80%进度款,工程完工具备验收条件后,合同内支付至完成量的 90%,合同外工程进度款为经业主及监理工程师审定的已完工程量价款的 70%,工程完工具备验收条件后,合同外支付至完成工程量的 80%;余下部分工程款待工程结算经发包人委托市财政评审机构审核确定后 15 日内再累计支付至合同价格的 95%,余款作为工程质量保证金。
4.质量保证金:质量保证金比例为工程结算价的 3%。质量保证金分两次返还承包人。第一次返还的时间及金额:发包人在工程竣工验收合格之日起满一年后 14 天内将保证金的 70% 返回给承包人;第二次返还的时间及金额:发包人在竣工验收合格之日起满两年后 14 天内返还剩余部分。质量保证金的返还,并不能免除承包人按照合同约定应承担的质量保修责任和应履行的质量保修义务。

5.价格调整:若本工程合同施工期间商品混凝土、钢材、水泥(其他材料不予调整)由于市场价格上涨(或下跌)比开标当月《桂林市建设工程造价信息》公布的价格相差±5%(含 5%)以上时,材料价格可以进行调整(材料价格以合同施工期内《桂林市建设工程造价信息》的平均价格为准)。调整方法:①当商品混凝土、钢材、水泥 3 项材料价格上涨超过 5%时,结算时应以税前项目的形式补偿承包人材料价差=(施工期间《桂林市建设工程造价信息》公布价的算术平均值-开标当月《桂林市建设工程造价信息》公布价格×1.05)×(中标价/招标预算价);②当商品混凝土、钢材、水泥 3 项材料价格下跌超过 5%时,结算时应扣减承包人材料价差=(开标当月《桂林市建设工程造价信息》公布价格×0.95-施工期间《桂林市建设工程造价信息》公布价的算术平均值)×(中标价/招标预算价)。

双方约定调整合同价款的其他因素:①设计变更、现场签证引起的合同价款的调整;②不可抗力引起的合同价款的调整;③政策性调整(以当地建设行政管理部门颁布的文件为准);④本合同规定的其他合同价款的调整。

6.保修责任:

工程质量保修期限:①地基基础工程和主体结构工程为设计文件规定的该工程合理使用年限;②屋面防水工程、有防水要求的卫生间、房间和外墙面的防渗漏为 5 年;③装修工程为 2 年;④电气管线、给排水管道、设备安装工程为 2 年;⑤供热与供冷系统为 2 个采暖期、供冷期;⑥住宅小区内的给排水设施、道路等配套工程为 2 年。

工程质量保修责任:①属于保修范围、内容的项目,承包人应当在接到保修通知之日起 24 小时内派人保修。承包人不在约定期限内派人保修的,发包人可以委托他人修理。②发生紧急抢修事故的,承包人在接到事故通知后,应当立即到达事故现场抢修。③对于涉及结构安全的质量问题,应当按照《建设工程质量管理条例》的规定,立即向当地建设行政主管部门报告,采取安全防范措施;由原设计单位或者具有相应资质等级的设计单位提出保修方案,承包人实施保修。④质量保修完成后,由发包人组织验收。⑤保修费用由造成质量缺陷的责任方承担。

×××学校实训大楼施工招标过程中,发生如下事件:

【事件一】 招标文件规定的投标截止日期前 12 天,已获取招标文件的某投标人发来书面文件,对已公布的工程量清单提出两点异议:

1.招标人发出的工程量清单及招标控制价中,清单编号为 010502001002 的 C30 混凝土矩形柱的工程量为 403.01 m³,但根据招标人给出的施工图计算,C30 混凝土矩形柱的工程量为 906.25 m³,工程量差别较大,要求招标人核实工程量。

2.投标人经过审核图纸及施工现场勘察,认为本项目基础部分需要做深基坑支护,但招标人发布的工程量清单及招标控制价中没有深基坑支护的清单项目,认为招标工程量清单和招标控制价存在漏项,要求招标人核实。

招标人收到投标人提出的异议后,对工程量清单及招标控制价进行审核后做出以下决定:

将工程量清单中C30混凝土矩形柱工程量修改为906.25 m^3，在工程量清单及招标控制价中增加了深基坑支护的清单项，重新公布了工程量清单及招标控制价。

【事件二】 投标截止日期前3天，招标人接到公共资源交易中心通知，原定的开标室由于设备故障需要维修，维修期为5天，因此本项目开标地点变更到第5开标室，开标时间需延后半小时。

《中华人民共和国招标投标法》

《中华人民共和国招标投标法实施条例》

参考文献

[1] 中华人民共和国第九届全国人民代表大会常务委员会第十一次会议.中华人民共和国招标投标法(中华人民共和国主席令第21号)[EB/OL].(2000-12-11)[2020-10-06].中华人民共和国住房和城乡建设部官网.

[2] 中华人民共和国第十二届全国人民代表大会常务委员会第三十一次会议.全国人民代表大会常务委员会关于修改《中华人民共和国招标投标法》《中华人民共和国计量法》的决定[EB/OL].(2017-12-28)[2020-10-06].中国政府网.

[3] 国务院.中华人民共和国国务院令(第613号)[EB/OL].(2011-12-29)[2020-10-06].中国政府网.

[4] 国务院.中华人民共和国国务院令(第676号)[EB/OL].(2017-03-21)[2020-10-06].中国政府网.

[5] 国务院.中华人民共和国国务院令(第698号)[EB/OL].(2018-04-04)[2020-10-06].中国政府网.

[6] 国务院.中华人民共和国国务院令(第709号)[EB/OL].(2019-03-18)[2020-10-06].中国政府网.

[7] 中华人民共和国第十三届全国人民代表大会第三次会议.中华人民共和国民法典[EB/OL].(2020-06-01)[2020-10-06].中国政府网.

[8] 中华人民共和国住房和城乡建设部.住房城乡建设部关于修改《房屋建筑和市政基础设施工程施工招标投标管理办法》的决定[EB/OL].(2018-09-28)[2020-10-06].中华人民共和国住房和城乡建设部官网.

[9] 中华人民共和国国家发展和改革委员会.中华人民共和国国家发展和改革委员会令(第16号)[EB/OL].(2018-03-30)[2020-10-06].中华人民共和国国家发展和改革委员会官网.

[10] 中华人民共和国国家发展和改革委员会.国家发展改革委关于印发《必须招标的基础设施和公用事业项目范围规定》的通知(发改法规规〔2018〕843号)[EB/OL].(2018-06-11)[2020-10-06].中华人民共和国国家发展和改革委员会官网.

[11] 中华人民共和国建设部等.工程建设项目施工招标投标办法[EB/OL].(2003-04-07)[2020-10-06].中华人民共和国住房和城乡建设部官网.

[12] 中华人民共和国住房和城乡建设部.建设工程工程量清单计价规范(GB 50500—2013)

[S].北京:中国计划出版社,2013.
[13]《标准文件》编制组.中华人民共和国标准施工招标文件(2007年版)[S].北京:中国计划出版社,2008.
[14]《标准文件》编制组.中华人民共和国简明标准施工招标文件(2012年版)[S].北京:中国计划出版社,2012.
[15] 广西住房和城乡建设厅.自治区住房城乡建设厅关于印发广西壮族自治区房屋建筑和市政工程施工招标文件范本(2019年版)的通知(桂建发〔2019〕4号)[EB/OL].(2019-06-12)[2020-10-06].广西住房和城乡建设厅官网.
[16]《房屋建筑和市政工程标准施工招标文件》编制组.中华人民共和国房屋建筑和市政工程标准施工招标文件(2010年版)[M].北京:中国建筑工业出版社,2010.
[17] 中华人民共和国住房和城乡建设部,中华人民共和国国家工商行政管理总局.住房城乡建设部 工商总局关于印发建设工程施工合同(示范文本)的通知[EB/OL].(2017-10-30)[2020-10-06].中华人民共和国住房和城乡建设部官网.
[18] 住房和城乡建设部标准定额研究所.建筑安装工程工期定额(TY01-89-2016)[S].(2017-10-30)[2020-10-06].北京:中国计划出版社,2016.
[19] 全国招标师职业水平考试辅导教材指导委员会.招标采购专业实务[M].北京:中国计划出版社,2015.
[20] 全国招标师职业水平考试辅导教材指导委员会.招标采购法律法规与政策[M].北京:中国计划出版社,2012.
[21] 全国招标师职业水平考试辅导教材指导委员会.招标采购合同管理[M].北京:中国计划出版社,2015.
[22] 莫良善,贺赞,赖伟琳.建设工程计量与计价实务(土木建筑工程)[M].北京:中国建材工业出版社,2019.
[23] 柯洪.建设工程施工招投标与合同管理[M].北京:中国建材工业出版社,2013.
[24] 严玲.招投标与合同管理工作坊:案例教学教程[M].北京:机械工业出版社,2015.
[25] 林密.工程项目招投标与合同管理[M].3版.北京:中国建筑工业出版社,2012.
[26] 周艳冬.建筑工程招投标与合同管理[M].2版.北京:机械工业出版社,2016.
[27] 危道军.招投标与合同管理实务[M].3版.北京:高等教育出版社,2014.
[28] 王艳艳,黄伟典.工程招投标与合同管理[M].2版.北京:中国建筑工业出版社,2014.
[29] 杨勇,狄文全,冯伟.工程招投标理论与综合实训[M].北京:化学工业出版社,2015.
[30] 李志生.建筑工程招投标实务与案例分析[M].2版.北京:机械工业出版社,2014.